中国水利学会调水专业委员会2022年度学术论文集

水利部南水北调规划设计管理局　主编

中国水利水电出版社
www.waterpub.com.cn
·北京·

内 容 提 要

本书为中国水利学会调水专业委员会 2022 年度学术论文集，内容摘录了跨流域调水与国家大水网的政策理论与实践及相关创新技术等方面的成果。全书有 34 篇文章，旨在对跨流域调水工程与国家大水网的理论研究、工程案例及实践经验进行深入探讨交流，更好地促进跨流域调水与国家大水网学术进步及有关工作的开展。

本书可供从事水利工程规划设计、技术研究、建设管理等相关人员参考，也可作为水利专业院校相关专业的参考用书。

图书在版编目（ＣＩＰ）数据

中国水利学会调水专业委员会2022年度学术论文集 ／
水利部南水北调规划设计管理局主编. -- 北京 ： 中国水
利水电出版社，2022.12
  ISBN 978-7-5226-1386-4

  Ⅰ. ①中… Ⅱ. ①水… Ⅲ. ①水利工程－文集 Ⅳ.
①TV-53

中国版本图书馆CIP数据核字(2022)第256896号

书　　　名	**中国水利学会调水专业委员会 2022 年度学术论文集** ZHONGGUO SHUILI XUEHUI DIAOSHUI ZHUANYE WEIYUANHUI 2022 NIANDU XUESHU LUNWENJI
作　　　者	水利部南水北调规划设计管理局　主编
出 版 发 行	中国水利水电出版社 （北京市海淀区玉渊潭南路 1 号 D 座　100038） 网址：www.waterpub.com.cn E-mail：sales@mwr.gov.cn 电话：(010) 68545888（营销中心）
经　　　售	北京科水图书销售有限公司 电话：(010) 68545874、63202643 全国各地新华书店和相关出版物销售网点
排　　　版	中国水利水电出版社微机排版中心
印　　　刷	天津嘉恒印务有限公司
规　　　格	184mm×260mm　16 开本　12.5 印张　304 千字
版　　　次	2022 年 12 月第 1 版　2022 年 12 月第 1 次印刷
印　　　数	0001—1000 册
定　　　价	**86.00 元**

凡购买我社图书，如有缺页、倒页、脱页的，本社营销中心负责调换
版权所有·侵权必究

编　委　会

主　任：鞠连义

副主任：尹宏伟　姚建文

成　员：关　炜　张爱静　雷晓辉　陈桂芳　杜　梅

　　　　高红燕　陈文艳　陆　旭　张　召

秘书组：李　佳　佟昕馨　李楠楠　李　赞　王文丰

　　　　谷洪磊　朱荣进　陈奕冰　王艺霖　杜梦盈

前　言

水是生命之源、生产之要、生态之基。人多水少、水资源时空分布不均是我国的基本国情和水情。加快构建国家水网，是解决水资源时空分布不均、更大范围实现空间均衡的必然要求，是破解水资源供需矛盾、更高水平保障水安全的现实需要。

党中央、国务院高度重视国家水网建设，党的十九大报告明确提出加强水利等基础设施网络建设；国民经济和社会发展第十四个五年规划和2035年远景目标纲要明确要求实施国家水网工程；习近平总书记在推进南水北调后续工程高质量发展座谈会上指出要加快构建国家水网，为全面建设社会主义现代化国家提供有力的水安全保障。

水利部立足流域整体和水资源空间配置，以大江大河大湖自然水系、重大引调水工程和骨干输配水通道为"纲"，以区域河湖水系连通和供水渠道为"目"，以重点水资源调蓄工程为"结"，加快构建"系统完备、安全可靠、集约高效、绿色智能、循环通畅、调控有序"的国家水网，全面增强我国水资源统筹调配能力、供水保障能力和战略储备能力，为全面建设社会主义现代化国家提供水安全保障。

重大引调水工程是国家水网之"纲"。党的十八大以来，南水北调东、中线一期工程建成通水，引江补汉工程、滇中引水工程、引江济淮工程、珠三角水资源配置工程等重大引调水工程开工建设，国家水网主骨架、大动脉逐渐成形，高度一体化的供水网络已经悄然构建。开展跨流域调水工程与国家水网相关理论和技术研究、工程案例及实践经验交流总结，对加快推进国家水网建设具有重要意义。

中国水利学会调水专业委员会在成立十周年之际，组织召开跨流域调水与国家水网学术研讨会，并组织编纂本书，收录跨流域调水与国家水网方面相关研究和技术成果，以期为广大读者提供有益借鉴和参考，促进跨流域调水学术交流、技术进步与制度创新，更好地服务于国家水网建设，助推水利高质量发展。

参与供稿、编辑和审核的专业技术人员及专家对本书的编辑出版工作给予了大力支持，在此一并感谢！受时间和编者水平所限，本书难免会有疏漏，敬请读者谅解和指正。

编者

2022 年 12 月

——目 录——

南水北调工程安全运行监管模式经验适用性探索

孙庆宇[1] 范士盼[2]

(1. 水利部南水北调规划设计管理局,北京 100038;
2. 水利部海河水利委员会河湖保护与建设运行安全中心,天津 300170)

摘 要: 南水北调东、中线一期工程已平稳运行 8 年,持续发挥安全运行强监管的综合效能尤为重要,及时总结 2020 年新冠肺炎疫情时期"视频飞检"＋区域现场专家取得的先进经验,推进安全监管方式创新和技术进步的广泛应用,强化南水北调工程信息化监管能力建设,确保安全监管工作不断、力度不减。文章通过总结各种监管方式成效,分析提出适用于南水北调工程安全运行监管的经验做法,为今后更加高效的信息化监管模式提供参考。

关键词: 南水北调;运行监管;经验做法

南水北调工程是缓解我国北方水资源短缺、实现水资源优化配置的重大战略性工程,自 2014 年全线通水以来,调水量逐年增加,工程效益初步实现[1]。工程运行管理取得了一定经验,然而由于工程规模大、战线长、涉及领域多,运行过程中难免会出现各种问题,安全运行监管方面尤为重要。受新冠肺炎疫情影响,2020 年现场监管频次大幅减少,为确保疫情防控关键阶段南水北调工程运行安全、供水安全,检查单位创新试点"视频飞检"监管模式。本文拟对南水北调工程运行监管的"视频飞检"试点过程存在的问题进行梳理,并在此基础上提出探索高效监管的思考。

1 工程基本情况

南水北调工程作为国家战略性基础设施,跨区域调配水资源,编织四横三纵中国大水网,是实现"空间均衡"的战略措施,分为东线、中线和西线三条调水线路,其中东线一期工程总干渠长约 1467km,已于 2013 年年底通水;中线一期工程总干渠长约 1432km,于 2014 年年底通水;西线工程正在开展前期工作。南水北调工程规模大、战线长、涉及领域多,运行管理任务艰巨而繁重而且在管理机制、管理规范等方面还有待优化完善[2]。2020 年以来,水利部南水北调司、调水局等单位积极内引外联,整合监管力量,贯彻落实践行水利改革发展总基调,采取部级、流域委和法人自查相结合的层级化监管工作体系,推动安全运行监管工作层级化、规范化和常态化,全力保障南水北调工程国之重器安全、平稳运行。

通信作者:孙庆宇(1987—),男,高级工程师,副处长,主要从事南水北调工程运行监督管理等工作。
E - mail: sunqingyu@mwr.gov.cn。

2　监管模式探索

　　针对 2020 年突如其来的新冠肺炎疫情，检查单位研究形成了以信息化手段为重点，以"视频飞检"为突破口，推进安全监管方式创新和技术进步的工作思路，确保疫情防控期间安全监管工作有力有效持续开展。后期探索开展"视频飞检"＋区域专家现场检查互为补充的综合性信息化监管模式，拓宽了检查方式，提高了检查效率，保障了南水北调工程安全运行监管力度没有因疫情而有所减弱。

2.1　监管模式介绍

　　随着 2020 年全国疫情防控级别调动，对原现场核查方式及时进行了优化，灵活采取线上、线下互为补充的特殊方式开展。

　　（1）现场核查。在 5 月疫情可控、允许出京的情况下，第一时间组织专家赴现场对中线辉县管理处 4 个问题开展核查。

　　（2）视频与现场结合方式核查。结合期间开展的其他"视频飞检"活动，如 6 月 23—24 日，对江苏宝应、淮安四站和洪泽站 3 个泵站管理处防汛及运行管理检查，同时请运行管理单位现场检查人员对涉及流域机构检查和法人自查的问题整改进行核查。

　　（3）电话核实等方式。对于防汛物资设备摆放不整齐、数量与清单不符、维护记录卡缺失等防汛物资管理责任落实不到位的问题，由于上报的整改报告已反映整改的具体情况，采取电话、工程巡查系统等方式，联合中线局稽查大队配合开展核实工作。

　　（4）要求补充整改资料。对于上报的整改报告不能完全反映是否整改到位的问题，主要通过电话、微信联系相关管理单位实施核查，根据具体情况要求补充提交整改相关证明材料。

2.2　"视频飞检"方式利弊分析

2.2.1　开展情况

　　"视频飞检"突出疫情防控"两手抓、两手硬"要求，重点检查了防疫预案及措施落实，运行值班人员组织及生活保障，交接班制度落实，操作票、工作票执行，设备运行，安全用具检测，闸站进水口漂浮物打捞情况等。

　　2020 年 3 月，检查单位组织对南水北调东、中线一期工程的 18 个现地管理处开展了"视频飞检"，结合"视频飞检"特点，试点工作明确了 9 项主要工作程序：确定抽查项目内容、拟定检查大纲、组建工作群、开展"视频飞检"、视频及照片取证、问题反馈、整改通知、登记台账、"回头看"督促落实。同时，重点区分中控室、节制闸、变电站等不同检查项目，制定了包括人员值守、调度指令执行、设备运行、工作预案等情况在内的重点检查事项清单，保障"视频飞检"取得实效。在具体操作上，东线主要以组建视频会议（微信群、腾讯会议）的形式进行，由现场工作人员、区域专家配合，通过视频连线查看工程现场的方式开展检查工作。中线主要以安防监控系统、工巡监管系统、微信视频连线等方式开展。

　　通过实践发现，东、中线各工程管理单位均克服疫情期间的困难与不便，制定疫情期间保障供水的工作方案，及时采取佩戴口罩、工位距离保持 1m 以上和对室内消毒等有效措施，并通过排班轮流到岗，有序开展工作，基本能够保障工程安全运行及调水安全。但同时也需要对一些普遍性、典型性、突出性问题重点加以关注，比如值班人员到岗人数不足、操作票管理不够规范等。

2.2.2 利弊分析

首次南水北调工程"视频飞检"工作的成功开展充分表明，"视频飞检"是"强监管"的有力创新举措，有必要深入研究分析其长短处、优缺点，以便扬长避短，更好地发挥作用。

"视频飞检"可以有效解决疫期难以开展现场飞检的痛点。一是飞检人员、专家、现场人员借助互联网互动，完全不受疫情影响；二是效率提高，"视频飞检"节省时间、节约资金，足不出户，半天可完成一个管理处的检查，效率较常规飞检大幅提升；三是技术成熟，蓝信、微信等软件技术成熟，职工平时就熟练使用，不需要额外培训即可完成检查任务，中线更是能充分运用工程巡查系统、视频监控系统等现有业务系统助力飞检工作；四是情况真实，联系到现场人员后可立即开展检查，最大化压缩了准备的时间，有利于摸清现场真实情况。

"视频飞检"也有明显的弊端。一是依赖信号，工程现场多位于郊区，部分现场网络信号较弱，画面质量影响较大，影响了检查的效果；二是交流不便，现场人员面对多位检查人员，一边沟通，一边拍照，还要注意安全，不够便捷；三是视野受限，手机视频视野较小，难以看到工程全貌，不容易发现建筑物实体等方面的问题等。

2.3 "视频飞检"＋区域现场专家方式探索

通过近一年的监管模式探索，在疫情等突发情况下，"视频飞检"可以与区域专家现场检查密切配合，借助蓝信、微信等成熟软件技术，快速摸清现场真实情况，高效、精准查找问题；同时，避免信号、画面质量不稳以及交流不畅等实际问题，提升安全运行能力水平，确保工程安全、运行安全、供水安全及水质安全。

3　意见及建议

（1）认真总结经验。"视频飞检"和常规飞检各有长短，要积极构建"视频飞检"与常规飞检相结合的长效工作机制，互为补充、互相支撑，丰富并完善远程与现地相结合的南水北调工程安全监管新体系，建设南水北调工程建设和运行决策支持系统[3]，将信息化监管打造成南水北调运行管理亮点。

（2）注重推广运用。"视频飞检"工作初见成效，要抓紧推动检查单位和各工程管理单位建立"视频飞检"工作体系，建立健全信息共享、供水及运行安全视频周例会、值班值守信息新制、"视频飞检"工作方案制定等机制，适时纳入流域管理机构，形成上下联动、紧密协作、共同推进的工作格局。

（3）强化科学规范管理。及时强化疫情防控关键期信息化监管工作，对"视频飞检"及信息化监管工作提出统一要求，加强督导管理，试点标准化、规范化建设[4]。同时，进一步总结经验，组织研究制订相关工作规程，强化人员管理培训，不断完善规范信息化监管工作。

4　结语

综上所述，通过充分运用信息化技术手段，持续强化南水北调工程信息化建设，逐步实现工程管理信息化、数据化、智能化，加大推进南水北调工程与水利行业相关应用系统的数据共享与业务协同，推进南水北调工程管理体系和管理能力现代化，确保工程供水安全、运行安全。

参考文献

[1] 王启猛. 南水北调东线一期工程运行初期水量调度监管工作初探 [J]. 治淮, 2016 (11): 11 – 12.

[2] 钱萍, 孙庆宇, 陈烈奔. 南水北调中线一期工程运行管理模式研究初探 [J]. 水利发展研究, 2017 (5): 634 – 65.

[3] 孙建平, 刘彬. 南水北调工程建设与运行管理信息化初探 [J]. 南水北调与水利科技, 2005 (3): 19 – 21.

[4] 王国平. 南水北调运行期监管措施分析 [J]. 河南水利与南水北调, 2020 (1): 79 – 81.

智慧水利在南水北调中线输水调度中的应用

刘　爽　李立群　靳燕国　张　磊

（南水北调中线干线工程建设管理局，北京　　100038）

摘　要： 智慧水利是水利信息化新的发展阶段，是智慧社会的重要组成部分。中线工程正在大力推进智慧中线建设，其中智慧调度是重要组成部分。从感知层、支撑层、应用层对中线智慧调度系统组成进行了介绍，对中线智慧调度应用系统进行了详细阐述，并分析了当前智慧调度存在的不足和下一步发展方向。

关键词： 智慧水利；中线工程；输水调度；感知系统

0　引言

党的十九大报告中把智慧社会作为建设创新型国家的重要内容，从顶层设计的角度，为智慧社会建设指明了方向[1]。智慧水利作为智慧社会的重要组成部分，必将推动水利科技创新，推进新一代信息技术在水利行业的广泛应用，构建江河水系和水利基础设施的现代化网络体系，提高国家防洪、供水、粮食、生态的安全保障水平。智慧水利是水利信息化发展的一个崭新阶段，建设智慧水利，将会促进水利信息化提档升级[2]。近年来，水利部大力推进智慧水利建设，在全国范围内开展智慧水利先行先试工作，物联网、视频、遥感、大数据、人工智能、5G、区块链等新技术正加速与水利业务深度融合[3]。智慧水利的显著标志是实现数字孪生流域和数字孪生水利工程[4-5]。水利部信息中心主任蔡阳指出，智慧水利的总体架构从信息系统设计和建设的角度具体分为信息感知层、网络通信层、计算存储层、融合支撑层和智慧应用层。

1　智慧水利在南水北调中线输水调度中的应用

中线工程的起点为陶岔渠首，终点为北京末端团城湖和天津末端外环河，总干渠全长约1432km。工程以明渠为主，全线自流输水。工程沿线共布置倒虹吸、渡槽、隧洞等建筑物2387座。配合建筑物布置节制闸64座，控制闸61座，分水口97座，退水闸54座。中线工程经历8年多的输水调度实践，基于当前"人工分析调度，远程操作控制"模式成

基金项目：水利青年科技英才资助项目。

第一作者：刘爽（1981—　），女，河南南阳人，高级工程师，硕士，从事水资源管理、长距离输水调度管理工作。E - mail：liushuang@nsbd. cn。

通信作者：靳燕国（1983—　），男，河北邢台人，高级工程师，硕士，从事水资源管理、长距离输水调度等方面研究。E - mail：jinyanguo@nsbd. cn。

功输水超过 535 亿 m³（2022 年 12 月 31 日调水数据）。作为全线输水调度指挥控制中枢，中线工程输水调度从感知层、支撑层、应用层搭建中线智慧调度总体架构，开发完善智能调度平台，具体应用系统包括水量调度系统、日常调度管理系统、闸站监控系统、安全监测系统、水质监测系统、视频监控系统等自动化调度与决策支持系统。目前通过自动化系统已实现实时采集水位、流量、闸门开度、水温等水情数据，统筹进行分析、研判和调度决策，并可在总调度中心集中远程操作沿线 570 多孔闸门。中线工程输水智慧调度总体构架如图 1 所示。

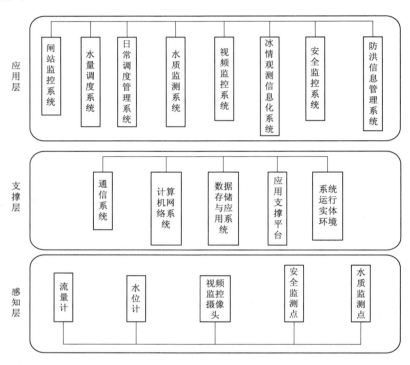

图 1　中线工程输水智慧调度总体框架

1.1　感知层

中线工程在沿线布设了大量监测设施，包括水位计、流量计、水质监测点、安全监测点、视频监控摄像头等，形成了庞大的沿线监测站网。目前，监测站网由沿线近 300 座闸站的监测设备组成，其中全线流量计 161 个，水位计（包括投入式、压力式、超声波）592 个，视频监控摄像头超过 12000 个，水质自动监测站 13 个，固定监测站点 30 个，安全监测测点 87000 多个，可从不同方位对水情要素进行不间断的监测，从而获得大量的、综合性的水情全要素信息。

1.2　支撑层

中线工程自动化调度支撑层集信息采集、传输、存储、信息标准与管理、信息交互、系统应用等于一身，由通信系统、计算机网络系统、数据存储与应用系统、应用支撑平台、系统运行实体环境等部分组成。系统建设范围涵盖沿线 1432km 和 357 个站点（304 个现地闸站、47 个管理处、5 个分局和北京总部）。组建了骨干网络，建立了中线云平台，搭建了信息化平台。利用大数据、物联网、云计算、5G 等技术，构建了天空地一体化中线感知网。

1.3 应用层

应用层主要包含在中线工程输水调度工作中所需开展的各项业务，中线工程主要通过以下应用系统实现智慧调度：

（1）闸站监控系统。该系统为中线智慧调度的核心应用系统，可以实现水位、流量、闸门开度、水温等水情和工情数据实时采集等功能，当水位、流量超过预警值时，可发出报警信号，还可以实现对全线 570 多座闸门实施远程操作，当前远程操作成功率在 99%以上。

（2）水量调度系统。该系统是输水调度业务核心系统，可通过该系统实时分析水情数据，汇总后利用传统水力学、深度学习等智能化的算法进行初步数据挖掘和规律分析，自动生成调度控制策略和闸门操作指令，供调度人员决策。

（3）日常调度管理系统。可以通过该系统实现调度数据展示、调度指令下达及反馈、调度运行日志、交接班记录等调度人员值班管理等日常调度生产作业的电子台账化管理。

（4）水质监测系统。全线布设有 4 个水质实验室、13 个自动监测站、30 个重点监测断面，可实现水质信息的自动采集、整理汇编、分析评价、警情预报、信息查询、信息发布等功能，并可通过趋势分析、统计分析和历史比对，进行预警预报，并模拟推演污染团的变化趋势等。

（5）视频监控系统。通过沿线布设的 12000 余个视频摄像头，对全线关键部位、重点部位实施视频监控，全线 1432km 实现了视频全覆盖，渠道两侧的物理围栏上加设了电子围栏，对非法翻越等行为及时报警。

（6）安全监测系统。全线共布设有安全监测测点 87000 多个，其中 38000 多个实现了变形、渗压、应变等监测数据的自动化采集、整编、分析、预警等功能。可实现自动监测建筑物工作性态，分析工程运行安全状况。

（7）冰情观测信息化系统。可对现场气温、水温、影像等冰情观测信息进行整理和展示，并具有水温模拟、冰情预警和日志发布等功能。

（8）防洪信息管理系统。该系统是防汛值班的办公平台，可实现实时监测雨情、水情、气象等信息，及时发布防汛预警等功能。

2 智慧水利在中线输水调度中存在的问题

对于越来越高的调度要求、越来越复杂的运行工况，还需大力借助现代化手段和智能技术。与"智慧调度"具体实现目标相比，还存在一定的差距。

2.1 深度感知程度仍然不够

水位、流量等水情信息自动采集还不充分，与调度相关的工情、雨情、冰情、机电等有效信息的获取自动程度还不高，对数据的清洗、处理的方法不足，部分数据存在不准确的情况。

2.2 智能化调度模型还不成熟

输水调度系统的核心模型还不能满足实际需求，系统不能实现根据给定调度目标和实时信息，安全、高效地实施自动调度目标；应急调度模拟仿真模型尚未建立，不能够对给定工况进行快速、准确推演等。

3 智慧水利在中线输水调度中应用展望

3.1 结合输水调度经验构建调度模型

自动化调度模型的建立应包括两大方面：调度策略的生成和相关水力计算。中线工程按照闸前常水位控制原则进行调度。通水 8 年多来，调度人员根据调度目标，把控整个调整思路，在水位、流量约束下，成功实现供水任务，形成了"以流量平衡为宏观控制，以目标水位为微观控制"的"流量与水位耦合"调度策略和思路。模型的开发应充分借鉴多年来的调度实际经验，并进行优化，将其形成逻辑严密的程序过程，应在调度策略模型上下大功夫，构建出灵活、高效、适应性强的策略模型。

3.2 运用数据与机理双重驱动方法构建调度仿真系统

对系统进行仿真计算，目前主要有两种方法：①经典水力学法，利用半理论、半经验公式推算；②现代数据挖掘方法，利用如神经网络、遗传程序等现代非线性回归模型单纯从数据角度进行拟合。两种方法各有优缺点，结合中线工程实际，在仿真模拟中，可考虑机理模型和数据挖掘相结合，采用机理和数据双驱动建模思路，以实现较好的效果。

3.3 中线输水自动化调度系统研发需求

（1）系统需具备灵活性，可以方便地进行人机交互，调整边界条件，比如投入运行的节制闸、供水水源、运行目标水位等。

（2）系统需具自适应性，根据积累的实际运行数据，自动更新修正计算参数和模型，具有自学习能力。

（3）系统需具有鲁棒性，对采集的数据具有一定的容忍能力，数据正常波动或者有个别的错误不影响正常分析计算。

（4）系统需具有可拓展性，按照既定的统一规则实施模块化开发，明确各类模块的输入/输出要求，方便后续的更新、增补等需求。

4 结语

推进智慧水利建设，中线工程输水调度按照"需求牵引、应用至上、数字赋能、提升能力"要求，以数字化、智能化为主线，积极构建数字孪生中线，根据输水调度实际经验，优化算法理论体系，完善智慧调度模型建设，加快构建具有预报、预警、预演、预案功能的智慧中线调度系统，为中线工程的安全、平稳、高效运行提供科学依据和决策支撑。

参考文献

[1] 水利部参事咨询委员会. 智慧水利现状分析及建设初步设想 [J]. 中国水利，2018 (5)：1-4.

［2］　张建新，蔡阳.水利感知网顶层设计与思考［J］.水利信息化，2019（4）：1-5.

［3］　水利部信息中心.水利部印发水利业务需求分析报告、智慧水利指导意见和总体方案［J］.水利信息化，2019（4）：40.

［4］　蒋云钟，冶运涛，赵红莉，等.智慧水利解析［J］.水利学报，2021，52（11）：1355-1368.

［5］　叶枫，张鹏，夏润亮，等.基于新一代大数据处理引擎 Flink 的"智慧滁河"系统［J］.水资源保护，2019，35（2）：90-94.

南水北调中线总干渠输水水质保护面临的问题及对策研究

梁建奎　　肖新宗　　黄绵达

（中国南水北调集团中线有限公司，北京　100038）

摘　要：阐述了南水北调中线总干渠输水水质保护的重要性，分析了总干渠输水水质保护工作面临的严峻形势和任务，从思想观念、运行管理机制、治理措施等方面，对总干渠输水水质保护工作提出了对策。

关键词：南水北调中线；输水；水质保护

南水北调工程是世界上最大的跨流域调水工程，是缓解我国北方地区水资源短缺、实现水资源合理配置、保障经济社会可持续发展、全面建设小康社会的重大战略性基础设施[1]。南水北调中线工程自 2014 年 12 月通水运行以来，截至 2022 年年底，已累计供水超过 500 亿 m^3，沿线河南、河北、北京、天津四省（直辖市）6900 多万人直接受益，受水区地下水位明显回升，河湖水面面积明显增加，地表水质明显好转，生态环境明显改善。南水北调中线工程的供水对象主要是城市生活用水和工业用水，供水水质状况直接关系到沿线缺水城市居民的用水安全[2-3]。根据国务院批准的《南水北调工程总体规划》，要求中线工程全线输水水质不低于国家地表水环境质量Ⅲ类标准[4]。由于中线工程南北跨度大，水质安全保障标准高、难度大，南水北调工程成败在于水质，习近平总书记在 2014 年 12 月 12 日就南水北调中线一期工程正式通水作出重要指示，强调南水北调工程功在当代，利在千秋。希望继续坚持先节水后调水、先治污后通水、先环保后用水的原则，加强运行管理，深化水质保护，强抓节约用水，保障移民发展，做好后续工程筹划，使之不断造福民族、造福人民。因此完善水质保障体系、确保水质安全、实现"一泓清水北送"的目标，成为南水北调中线干线工程运行管理中的重要任务。

1　总干渠输水水质保护面临的问题

1.1　地下水污染对输水水质的影响

中线工程类型以明渠为主，并建有隧洞、管道、暗涵和渡槽等工程设施。总干渠全部为新开挖渠道，断面衬砌，与交叉河道全面立交，与沿线地表水体没有直接的水力联系，同时在干渠两侧划定了 13m 的隔离带，这些措施在一定程度上解决了地表水污染进入干

通信作者：肖新宗（1984—　），男，高级工程师，研究方向为水质、水生态监测与研究。E-mail：xiaoxinzong@nsbd.cn。

渠的问题，为中线干线供水安全提供了重要保障。但是，中线干线仍然存在着影响干线供水安全的潜在问题，特别是地下水污染物的渗漏给干线水质和供水安全带来威胁。

中线干线明渠段约1100km，其中地下水位高于渠底的地段约522km，为内排段。内排段地下水位高于干渠渠底，通过采用自动控制的单向（只流向干渠）阀门和集水廊道方式将地下水导入干渠，防止高水位地下水破坏渠道底、侧板的顶托。因此，如果处于内排段输水干线附近的工业污染物、农业污染物和居民生活污染物进入地下水，这些污染物就能通过地下水进入输水干渠，威胁总干渠水质安全。所以，防止总干渠沿线地下水污染成为南水北调中线总干渠水质安全保障的特殊任务。

1.2 突发污染事故对输水水质的影响

南水北调中线总干渠跨越河南、河北、天津和北京四省（直辖市），先后穿越14个大中城市、70个县（市、区），跨越长江、淮河、黄河、海河四大流域。总干渠自丹江口水库陶岔渠首引水，穿过汉江与淮河分水岭的一个低而平坦的天然垭口，进入淮河流域，至郑州西孤柏嘴穿过黄河，进入海河流域。然后沿太行山东麓山前平原、京广铁路西侧北上，在河北省徐水区西黑山村处分两路：一路继续北上跨过北拒马河进入北京市区，到达终点团城湖；另一路途经河北省徐水、雄县、霸州和天津市武清、西青等县（市、区）到达终点天津外环河。总干渠全长1431.945km，其中：陶岔渠首至北拒马河中支渠段采用明渠输水，全长1196.362km；北拒马河中支至团城湖段采用管道输水，全长80.052km，末端885m为明渠段；天津干渠采用箱涵输水，全长155.531km。暗渠输水基本安全，但沿途明渠段有河渠交叉建筑物164座，左岸排水建筑物469座，渠渠交叉建筑物133座，铁路交叉建筑物41座，跨渠公路桥737座。这些建筑物与渠道紧密相连，存在着许多不可预见的水质污染风险。例如运输危险化学品过程中发生交通事故，危险化学品进入总干渠；或者人为恶意投毒，这些都会严重影响总干渠输水水质安全，且污染一般具有种类不定、发生时间具有随机性等特点。所以，对此类突发污染事件的预防、处置任务更为艰巨[5]。

2 输水水质保护对策研究

2.1 划定总干渠两侧水源保护区

2006年，根据国务院关于依法划定饮用水源保护区的工作部署，国家有关部门组织北京市、天津市、河北省、河南省开展了划定南水北调中线总干渠水源保护区的工作，要求坚持预防为主、安全第一、因地制宜和科学合理的原则，结合沿线经济社会发展和总干渠水质保护及工程安全需要，根据总干渠工程和两侧地形地貌、水文地质等情况，针对总干渠两侧水源保护区划定工作的特殊性，按统一划定方法划定总干渠两侧水源保护区。四省（直辖市）政府高度重视，均已完成了保护区划定工作，并按照水源保护区划定方案，严禁在总干渠水源保护区内新建、扩建、改建可能导致保护区水体污染的工业企业，严把建设项目环评审批关，促使一些重污染企业远离南水北调总干渠，将水质污染隐患消灭在萌芽状态。同时，对于保护区内现有的有可能导致保护区水体污染的工业企业，及早启动限期治理工作。

南水北调中线一期工程总干渠两侧水源保护区的划定，禁止、限制了保护区内污染企业、污染项目的建设，有效地控制了保护区内的各类污染源，避免了各类污染对输水干渠水质的直接污染，尤其减少了保护区内地下水的污染，有效防止了受污染的地下水通过总干渠内排段污染输水水质，为中线干线输水水质的安全提供了基础保证。

2.2 持续推进中线干线生态带及防护林的建设

南水北调中线干线工程沿线城市密集，居民区、工业区分布集中，农村集镇化程度高，森林植被覆盖率低，生态环境比较脆弱，沿线城市及工业污染、农村生活污染源普遍分布，对干线工程的生态安全及输水水质造成了较大的威胁。为此，国家有关部门组织沿线 4 省（直辖市）有关部门、工程建设单位，以及农业、林业、绿化领域的技术单位编制了打造"绿色走廊"的《南水北调中线一期工程干线生态带建设规划》。生态带的建设以保护南水北调中线总干渠水质为中心，以南水北调一期工程为依托，以干线工程两侧水源保护区为载体，坚持中线沿线水质安全保障与沿线区域经济社会可持续发展相结合、治理与防护措施相结合，紧紧围绕沿线城市和工业污染防控、农业面源污染综合防治等重点问题统一规划。加快规划的实施，可以有效防范总干渠水质污染风险，充分发挥工程环境效益、经济效益和社会效益，打造中线输水干线"绿色走廊"。

另外，中线干线防护林工程的建设，对保证工程安全，保护总干渠水质，改善项目区沿线生态环境和防治水土流失同样起到了至关重要的保障作用。

2.3 健全总干渠全方位、立体式的水质监测预警系统

南水北调中线工程沿线分布着几十座城市，数百座桥梁。虽然在工程设计上采取了很多水质安全防护措施，如导流沟、隔离带、防护林、桥面收集与防护设施等，但沿线交叉桥梁众多，桥梁上危险化学品的运输过程对输水水质构成潜在的威胁，一旦发生交通事故，导致大量有毒有害危险化学品泄漏进入渠道，将会对输水水质造成严重污染；另外，总干渠沿线一旦发生人为恶意投毒等恶性事件，同样也会对输水水质构成严重的威胁。因此，为保障中线输水水质安全，必须抓紧时间建立健全高效快捷的全方位、立体式的水质监测应急预警系统，以保证总干渠输水水质安全。

为此，建立"三结合、二监督、一保障"的指导思想，全方位、多手段确保水质安全。"三结合"即：空间观测与微观监测相结合、地面监测与地下监测相结合、常规监测与应急监测相结合。"二监督"即：实时监督总干渠水源地丹江口水库的水质状况、实时监督总干渠沿线水质情况。"一保障"即：总干渠水污染应急处置技术。从而构建南水北调中线干线全方位、立体式的水质监测预警系统，有效保障总干渠输水水质安全。

2.4 鼓励公众参与总干渠水质保护

公众作为政府监管的补充，能广泛及时收集信息，成为政府在信息收集和沟通方面重要的渠道。鼓励公众参与中线环境管理，通过公民的全面监督管理，有效完成对南水北调中线环境的目标管理。重点要培育公众自觉参与环境管理的意识，为公众提供有效的参与路径，建立健全环境信息公开机制，公开环境信息，促使公众通过组建农村社区及非营利环保组织参与环境监管，以此发动全民保护总干渠输水水质。

3 结语

南水北调中线工程是百年大计，是我国经济建设中一项规模宏大的水资源配置工程。

水质是南水北调工程建设成败的关键，为保障中线输水水质安全，我们要全面科学地判别输水水质可能存在的问题，制定有效的水质保护对策，确保"一渠清水，永续北送"。

参考文献

［1］ 梁建奎，辛小康，卢路. 南水北调中线总干渠水质变化趋势及污染源分析 ［J］. 人民长江，2017（48）：6－9.

［2］ 张修真. 南水北调：中国可持续发展的支撑工程 ［M］. 北京：中国水利水电出版社，1999.

［3］ 史越英. 南水北调中线工程污染源风险评估及控制研究 ［J］. 中国水利，2017（13）：14－16.

［4］ 水利部南水北调规划设计管理局. 南水北调工程总体规划内容简介 ［J］. 中国水利，2003（2）：11－13，18.

［5］ 任仲宇，陈鸿汉，刘国华. 南水北调中线干渠水污染途径分析研究 ［J］. 环境保护，2008，392（3）：65－67.

南水北调中线工程"智慧调度"探析

李立群　刘　爽　陈晓楠

（中国南水北调集团中线有限公司，北京　100038）

摘　要： 随着社会经济的发展以及生态文明建设，南水北调中线工程已成为优化水资源配置、保障群众饮水安全、复苏河湖生态环境、畅通南北经济循环的生命线。中线工程线路长、分水口门多、运行工况复杂、调度技术难度大，随着后续工程及沿线调蓄水库建设的推动，未来中线的调度将更加复杂，为持续保障中线安全、平稳、高效输水调度，需充分利用现代化手段作为技术支撑，开展多水源多目标智能化精准调度关键技术研究，打造中线"智慧调度"。本文结合中线工程输水调度现状，围绕输水调度日常管理智能化、调度决策智慧化等方面开展研究和讨论。

关键词： 南水北调中线；智慧调度；系统仿真；调度决策

0　引言

南水北调中线工程是缓解我国北方水资源严重短缺的国家重大基础设施，事关战略全局、事关长远发展、事关人民福祉，中线工程自全线通水以来，沿线受水区用水量逐年增加，年度供水量连续攀升，截至 2022 年 12 月 1 日，全线累计调水 529.98 亿 m^3，累计供水 511.08 亿 m^3。此外，中线工程 2021—2022 年累计向四省（直辖市）供水 90.02 亿 m^3，供水量再创新高，充分发挥工程效益。

随着中线工程综合效益日益显著，对中线供水要求也越来越高，中线工程从规划的补充水源事实已成为主力水源，其供水保障率及供水安全显得尤为重要。中线工程线路长、交叉建筑物众多、分水口门多、运行工程复杂、调度技术难度大，加上近几年生态补水日趋常态，通过沿线退水闸向河道进行生态补水更是增加了调度的难度。此外，随着沿线调蓄水库建设的推动，未来中线的调度将更加复杂，属多水源、多对象、多目标、多因素的复杂的输水调度控制大系统。为持续保障中线安全、平稳、高效输水调度，需充分利用现代化手段作为技术支撑，打造中线"智慧调度"。截至 2022 年 12 月，中线工程经历 8 年多的输水调度实践，基于当前"人工分析调度，远程操作控制"模式成功输水超过 390 亿 m^3，实现了陶岔渠首按设计最大流量 420 m^3/s 过流，在管理和技术上积累了一定的经验，在管理制度、专项研究、应用系统等方面取得一些成果，为中线"智慧调度"的建设奠定一定前期基础。因此，作为"智慧水利"的一部分，应根据中线输水调度特点，结合通水以

作者简介：李立群（1982—　），女，硕士，高级工程师，主要从事水资源管理和调度运行管理工作。E-mail：liliqun@nsbd.cn。

来的经验和成果，提升信息化、数字化、智能化水平，完善预报、预警、预演、预案措施，推进中线"智慧调度"。

1 中线"智慧调度"的定位和认识

随着以云计算、Web 2.0 为标志的第三次信息技术浪潮的到来，以"感知、互联和智能"等为基本特点的大数据、物联网及其应用极大地改变了各个行业信息化服务的效率、易用性和行为范式。水利信息化、现代化和智能化发展迎来了良好契机，发展智慧水利，正成为水利现代化、快速提升水资源效能的强力抓手和必然选择[1]。

近些年来，在水利行业逐步开展了智慧水利、智慧水务、智能水网等方面的探讨。张建云院士认为智慧水利运用物联网、云计算、大数据等新一代信息通信技术，促进水利规划、工程建设、运行管理和社会服务的智慧化，提升水资源的利用效率和水旱灾害的防御能力，改善水环境和水生态，保障国家水安全和经济社会的可持续发展[1]；王浩院士认为智慧城市水务通过信息化技术方法获得、处理并公开城市水务信息，从而有效地管理城市的供水、用水、耗水、排水、污水收集处理、再生水综合利用等过程，是智慧城市的重要组成部分[2]；王建华等提出随着现代治水思路和信息化技术的不断发展，水网工程正朝着智能化方向发展，逐步融合了由各类水流调控基础设施组成的水物理网建设，符合智能化技术特征趋势的水信息网建设发展成为以"智能感知"为目标的现代信息技术和以"科学决策"为核心的水管理活动[3]；水利部信息中心主任蔡阳指出智慧水利的总体架构从信息系统设计和建设的角度，具体分为信息感知层、网络通信层、计算存储层、融合支撑层和智慧应用层。此外，还包括管理办法、标准规范、安全保障、运行维护等保障环境建设[4]。

因此，总体来说对智慧实现的通俗理解就是充分借助现代信息化、人工智能技术，结合专业业务知识，实现对相关业务安全、高效处理的目标。

智慧的概念是动态的，随着科技水平的发展而变化。各专业智慧的实现要本着实用性、可行性原则。智慧系统的实现包括数据采集处理、智能模型建立、成果展示等多个方面。根据中线输水实际业务需求，中线智慧调度系统应至少实现以下具体目标：

（1）能够根据供水流量的目标和工情实际等，自动生成科学、合理的调度控制边界条件，并能够对人为给定的运行控制边界条件进行正确分析，判断可行性。

（2）对于正常输水工况，根据已明确的边界条件，利用各类实时信息或预报信息，能够自动实时分析计算，生成正确的调度指令，实现安全、平稳、高效的自动化调度。

（3）对于应急调度工况，根据已明确的突发事件对调度的要求，迅速生成应急调度实时指令，通过及时、科学的应急调度将损失和影响降到最低程度。

（4）具备完善的调度预报、预警功能，能根据降水、气温、冰情的实时或预报信息准确预报影响调度的水情信息并预警，以及在运行过程中根据实时水情进行预警。

（5）具备完善的系统仿真功能，给定运行边界条件，能够快速、准确计算各类水力要素、模拟水情（水位、流量）时空变化特性。

（6）具有强大的多媒体信息处理功能，能够对各类相关数据信息方便地进行监控、查询、统计、维护等。

（7）具有强大的调度业务处理功能，根据有关管理标准和制度，能够方便用户处理各类调度日常事务。

（8）实现"数字孪生"，以直观、友好的方式展现相关信息和结果。

2 中线"智慧调度"的基础

中线工程的调度目标是根据供水计划，实现从水源到用户的精准调度，确保将每一滴水保质、保量、及时输送到每个分水口（用户），经过 8 年多的输水调度规范化管理探索，在调度管理、调度技术和自动化调度上取得了一定成效。

2.1 输水调度管理体系构建

在调度管理上，从制度标准到岗位职责建立了一套调度规范化管理体系，实现了中线输水调度规章制度从无到有、由粗到细、零散到体系。《输水调度管理标准》中规定了中线输水调度管理的工作要求、业务流程；《南水北调中线干线工程输水调度暂行规定（试行）》明确了中线工程输水调度运行控制条件、调度原则和策略、常见运行工况调度方法；《南水北调中线干线工程突发事件应急调度预案》规定了突发事件导致应急调度的分级、报告流程、应急调度措施等。

2.2 输水调度专题技术研究

在调度技术上，围绕中线总干渠供水调度方案、输水运行规律挖掘、冰期输水调度优化、典型建筑物大流量输水数值仿真及过流能力提升、应急调度、数据与机理双重驱动的水力调控等进行专题研究，取得多项研究成果并成功应用于调度实践，同时结合各项专题研究研发水量调度系统，并结合运行实际不断推进自动化调度系统完善。

2.3 自动化调度系统开发

中线工程输水调度目前已实现通过自动化系统实时采集水情数据，统筹进行分析、研判和调度决策，并可在总调度中心集中远程操作沿线各类闸门，基本实现了从人工调度到自动化调度的转变。核心系统功能大致如下：

（1）闸站监控系统实现水情等数据实时采集、远程操控闸门、水情预警等功能。

（2）水量调度系统初步实现在个别渠段水位调整、个别分水流量微小调整等条件下，根据实时水情生成调度指令的功能；对水体、过闸流量、恒定流水面线分析计算。

（3）日常调度管理系统实现对水情数据的统计分析、对指令上传下达管理、日报编制、日志记录等日常调度业务辅助支撑，实现输水调度日常管理无纸化。

（4）视频监控、安防监视系统在调度上的应用主要是通过视频跟踪指令执行，以及现场运行工程的查看。

（5）冰情观测信息化系统根据天气预报对重点渠道断面未来水温、冰情进行预测、预警。

中线工程输水调度及运行管理前期在制度建设、专项研究以及应用开发方面取得一些成果。在此基础上，调度人员结合输水实践，不断摸索调度思路和策略，保证了输水任务的完成，但对于越来越高的调度要求、越来越复杂的运行工况，在深度感知、智能化调度模型构建等方面尚需大力借助现代化手段和智能技术进一步完善提高。

3 中线"智慧调度"的需求和功能

根据中线调度工作实际,对系统的需求大致可分为两方面:一是调度技术支撑方面,实现输水调度的自动化分析、计算、仿真、决策等;二是调度管理支持方面,主要是日常调度业务的辅助处理等。

3.1 输水调度决策支持的主要功能需求

(1)数据清洗和融合。对采集的数据的正确性进行初步判断,并能结合其他相关数据进行处理,以确保输入数据的合理性、正确性,对获取的各类影响调度的信息进行融合。

(2)调度条件分析判断。能够根据供水流量的目标和工情实际等,自动生成科学、合理的调度控制边界条件,并能够对人为给定的运行控制边界条件进行正确分析,判断可行性。

(3)智能化自动调度。这是"智慧调度"最核心的功能。根据供水目标、运行水位等各类约束条件,以及获得的各类信息进行智能分析计算,实现自动化调度,自动生成正确、高效的实时调度指令。

(4)系统仿真模拟。给定运行边界条件,能够快速、准确计算各类水力要素(过闸流量、水面线、水体、糙率、流量系数等),模拟水情(水位、流量)时空变化特性。在此基础上,可生成各类应急调度方案。

(5)信息处理和展示。对各类调度信息,包括固定的工程参数和变化的水情数据,以及计算过程中产生的关键数据等统计、分析,并实现"数字孪生",以直观、友好的方式展现相关信息和结果。

(6)系统研发相关要求。系统需具备灵活性,可以方便地进行人机交互,调整边界条件,比如投入运行的节制闸、分水口、退水闸,以及供水水源等;系统需具自适应性,根据积累的实际运行数据,自动更新修正计算参数和模型,具有自学习能力;系统需具有鲁棒性,对采集的数据具有一定的容忍能力,数据正常波动,或者有个别的错误不影响正常分析计算;系统需具有可拓展性,按照既定的统一规则实施模块化开发,明确各类模块的输入输出要求,方便后续的更新、增补等需求。

3.2 输水调度日常管理的主要功能需求

(1)调度值班管理:值班人员值班的签入、签出统一登录和注销管理;值班表辅助编制,调、换班管理,并与相关人力考勤系统对接;各值班岗位动态设置,可根据实际情况增减配置;员工值班情况统计分析,包括时长、从事各类值班岗位情况等。

(2)日常业务管理:指令的下达和反馈流程闭环管理,指令的查询统计,远程成功率统计等;日报、水情报送信息的自动生成,以及通过人机交互界面灵活的交互设置格式和相关内容等;调度运行日志、交接班记录、应急值班记录等有关调度生产作业的电子化台账管理;水量计划制定、执行,以及供水信息的记录、统计、查询,能够方便地根据时间、空间条件统计查询各类供水情况;调度生产场所设备设施、软硬件报修管理;调度生产场所进出登记管理;各类调度相关业务制式报表管理。

(3)培训考核管理:对各类调度相关制度、标准,主要业务流程,各类系统操作进行电子化;实现调度相关知识电子题库建设和知识测试;以调度仿真系统为基础,进行输水调度仿真演练和测试；调度人员考核、各级调度考核辅助管理，对日常发现的各级调度方面存在的问题建立台账、督促整改等。

4 结语

本文结合南水北调中线工程通水 8 年多输水调度及运行管理经验，从制度体系、专项研究及自动化系统开发完善等方面进行了梳理总结。随着后续引江补汉、调蓄水库建设，细化制定水量分配方案，实现从水源到用户的精准调度，需要以问题为导向，运用系统工程的思想和方法，加强顶层设计、设计总体框架，在已有的专项研究及系统开发基础上，以实际运行为检验依托，突破关键技术，充分利用现代化科技手段将人工调度思想转化为逻辑严密的程序过程，构建出灵活、高效、适应性强的策略模型，不断推动中线工程"智慧调度"取得新突破。

参考文献

[1] 张建云，刘九夫，金君良. 关于智慧水利的认识与思考 [J]. 水利水运工程学报，2019（6）：1-7.
[2] 杨明祥，蒋云钟，田雨，等. 智慧水务建设需求探析 [J]. 清华大学学报，2014，54（1）：133-136.
[3] 尚毅梓，王建华，陈康宁，等. 智能水网工程概念辨析及建设思路 [J]. 南水北调与水利科技，2015，13（3）：534-537.
[4] 蔡阳. 智慧水利建设现状分析与发展思考 [J]. 水利信息化，2018（4）：1-6.

闸门调度在输水倒虹吸出口水位异常波动中的应用研究

李景刚　卢明龙　乔　雨　赵　慧　陈晓楠

（中国南水北调集团中线有限公司，北京　100038）

摘　要： 南水北调中线干线正式通水 8 年多来，工程运行整体良好，供水量连年攀升，极大改变了受水区供水格局，已逐渐成为沿线北京、天津、石家庄、郑州等众多城市生活用水的主要水源，同时为华北地区地下水超采综合治理发挥着重要作用。伴随着总干渠输水流量的不断加大，在大流量输水期间，个别输水倒虹吸在闸门全开工况下，出口处出现了水位异常波动并伴有规律性异响，对结构安全和平稳调度存在不利影响，目前主要采取中孔闸门入水控流的临时闸门调度措施来予以消除。本文选取河南卫辉段山庄河输水倒虹吸为典型建筑物，在内部机理理论分析的基础上，通过数值仿真计算对临时闸门调度措施实施效果进行了对比分析，并对工程处理措施提出了意见建议，从而为保障南水北调中线工程安全调度运行提供技术支撑。

关键词： 南水北调中线干线；输水倒虹吸；水位异常波动；闸门调度

1　研究背景

南水北调中线工程是一项跨地区、跨流域的特大型调水工程，是解决华北地区缺水问题的重大战略基础设施，对促进地区经济社会发展和生态环境改善具有十分重要的意义。工程自丹江口水库引水，向河南、河北、北京和天津等四省（直辖市）供水，总干渠全长约 1432km，一期规划多年平均调水量 95 亿 m^3，供水目标以沿线城市生活、工业用水为主，兼顾生态和农业用水[1-2]。自 2014 年 12 月 12 日正式通水以来，工程运行整体良好，供水量连年攀升，极大改变了受水区供水格局，使得北京、天津、石家庄、郑州等北方大中城市基本摆脱缺水制约，为经济发展提供了坚实保障，同时也为京津冀协同发展、雄安新区建设和华北地区地下水超采综合治理等战略的实施提供了可靠的水资源保障[3]。

在中线工程实际调度运行中，输水倒虹吸作为重要工程单元，其出口一般设置有节制闸或控制闸，闸门均为弧形闸门，采用液压启闭机控制闸门启闭，并可通过闸站监控系统实施远程闸门操控[4]。通常情况下，节制闸参与日常输水调度控制，控制闸不

通信作者：李景刚（1978—　　），男，博士，正高级工程师，主要从事长距离输水调度生产管理和技术研究。

E - mail：sharp818@163.com。

参与调度，处于全开锁定状态，但可根据运行需要投入输水调度。近年来，伴随着南水北调中线干线输水流量的不断加大，在大流量输水期间，个别输水倒虹吸在闸门全开工况下，三孔倒虹吸出口的两个尾墩墩后，均出现了呈对称分布的漩涡带，在出口闸室段形成了周期性水位波动现象，同时伴有规律性的"噗、噗"异常响声，对结构安全和平稳调度存在不利影响，目前主要采取中孔闸门入水控流的临时闸门调度措施来予以消除。

本文选取河南卫辉段山庄河输水倒虹吸为典型建筑物，在内部机理理论分析的基础上，通过数值仿真计算对临时闸门调度措施实施效果进行对比分析，并对工程处理措施提出意见建议，从而为保障南水北调中线工程安全调度运行提供技术支撑。

2 典型建筑物选择

山庄河输水倒虹吸位于河南省卫辉市唐庄镇盆窑村东南约 200m，为南水北调中线总干渠与海河流域卫河水系山庄河的交叉建筑物。倒虹吸由进口渐变段、进口检修闸、管身段、出口控制闸和出口渐变段组成，总长 291m，其中管身段水平投影长 140m。管身横向为 3 孔箱形钢筋混凝土结构，单孔尺寸为 7.0m×7.3m（宽×高），设计流量为 250m³/s，加大流量为 300m³/s，设计水头为 0.14m[5]。

通水初期，卫辉段渠道流量大部分时段为 80～100m³/s，在此输水流量工况下，段内各建筑物均运行正常，无流态异常现象。但随着输水流量加大，2018 年，大流量输水期间，卫辉段总干渠流量为 180～210m³/s，已接近设计流量。巡检中发现山庄河输水倒虹吸出口出现了水位波动大、周期性涌浪及异常水声[6]。

2020 年，大流量输水期间，卫辉段总干渠流量为 240～277m³/s，已超设计流量，接近加大流量，渠道过流量为历年来最大，出口水位波动及异响现象也更为剧烈。期间，于 2020 年 6 月 11 日和 8 月 25 日，先后两次在山庄河输水倒虹吸现场开展观测，过闸流量分别约为 263m³/s 和 234m³/s。在闸门全开工况下，出口闸后水位剧烈波动，出现异响现象，中孔较剧烈，边孔相对平静，在出口流态异常倒虹吸中波动幅度最大、代表性最强[6]。为此，本文选取山庄河输水倒虹吸作为典型建筑物进行研究（图 1）。

图 1 山庄河输水倒虹吸出口全景图

3 内在机理理论分析

3.1 倒虹吸出口水位波动

经现场观测，山庄河输水倒虹吸出口尾墩形状为半圆形，其表面的压力分布与一般圆柱扰流相似，尾墩左右两侧形成低压区，且为流场中压力最小的点，尾墩后分离区内流体的压力较尾墩两侧较小。倒虹吸出口形式为3孔，由两个相同形式的尾墩将其隔开，边界层分离现象会导致尾墩两侧形成低压区，并在尾墩后成对出现卡门涡街现象（图2）[6-8]。

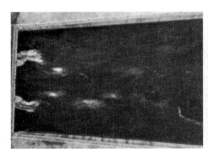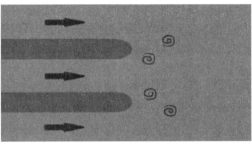

图 2　倒虹吸尾墩示意图

当出口尾墩后侧形成排列规则的双列卡门涡街后，涡旋处局部阻水，后方来水形成壅水现象，进而在倒虹吸出口闸室段形成周期性的水位波动。出口中孔处由于两个尾墩涡街作用的相互叠加，形成横向摆动，从而使中孔阻水作用增强，产生的水位波动效果较边孔更强。

3.2 倒虹吸出口异响

根据以上分析，倒虹吸出口尾墩附近的水体流动分离与卡门涡街现象导致了水位波动，并沿孔身向上游传递。以出口中孔为例，分析倒虹吸出口处形成异响的内在原因，如图3所示[6-8]，其中包括：

（1）图3（a），倒虹吸出口段未发生异响时，出口流态较为平稳，未形成水位波动。

（2）图3（b），倒虹吸出口段形成周期性的水位波动现象，则会导致倒虹吸出口管身段出现水流波峰和波谷交替变化的状态，并向上游传递。

（3）图3（c），当水流波谷传递到倒虹吸管身段出口处时，倒虹吸出口会暴露在空气中，导致空气进入倒虹吸出口管身段。

（4）图3（d），下一时刻，倒虹吸出口暴露在空气中的范围逐渐增大，大量空气进入倒虹吸出口管身段。

（5）图3（e），随着倒虹吸出口处的水位上下波动，水流波峰还未达到倒虹吸管身出口处时，空气团已被密闭封堵在管身中，同时后方来水将高度压缩空气团，形成高压气团。

（6）图3（f），高压气团在后方水流的推力作用下，随着倒虹吸上游水流向下游移动，当高压气团达到出口时，压力瞬间释放，高压气体夹杂细碎水流喷涌而出，形成周期性的"噗、噗"异常响声。

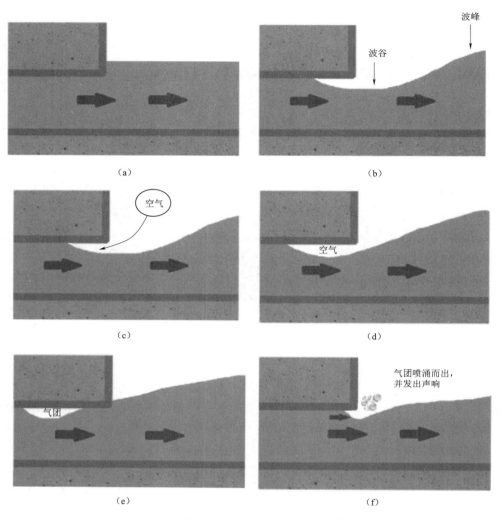

图 3　倒虹吸出口产生异响过程示意图

　　由此可见，倒虹吸出口尾墩处是其形成水位波动与异响现象的策源地，根据水流流动分离原理，在尾墩后侧形成两列对称排列、周期性的卡门涡街，进而壅水后形成水位波动。由于发生卡门涡街的区域距离倒虹吸出口较近，形成的周期性起伏的水位波动传至该区域后，进而导致倒虹吸出口出现与涡街波动周期一致的规律性异响。

4　闸门调度措施运用

4.1　闸门调度措施方案

　　2018 年 4 月，大流量输水期间，当山庄河倒虹吸出口初次出现水位异常波动和异响后，初步分析认为其出现流态异常的原因应主要是倒虹吸出口出现了明满流交替现象，即出口孔口段处于非淹没出流和淹没出流交替的工况。为改善出口水流流态，现场实验性的采取中孔闸门临时入水控流的调度措施，在不影响过流能力的前提下，适当壅高倒虹吸中孔出口水位使其满足淹没出流条件。经过多次闸门调度后，在闸门入水为 $60\sim80\mathrm{cm}$ 时，出口流态趋于平稳，水流异响消失。倒虹吸进口、出口水位没有明显变化，过闸流量基本保持不变。整体上，临时性的闸门入水调度措施取得了一定的效果，并在其他存在类似问题的输水倒虹吸得到推广应用，效果良好。另外，在 2020 年 6 月 11 日和 8 月 25 日两次山庄河输水倒虹吸现场观测过程中，通过现场试验，在中孔闸门入水 80cm 后，倒虹吸中孔异响现象明显消除[6-7]。

4.2 水力特性对比分析

为了研究闸门调度措施对倒虹吸闸室内水位波动大小的影响，选取同种输水流量工况下，针对山庄河输水倒虹吸 1 号闸门全开、2 号闸门开度 $e=6000\mathrm{mm}$、3 号闸门全开和三孔闸门均全开的闸门调度两种控泄措施，利用 Flow-3D 软件分别从流速、水深以及水位波动幅值方面进行数值仿真计算和对比分析[9-10]。其中，湍流模型选择 RNG $k-\varepsilon$ 模型[11]，倒虹吸模型进口设置为流量进口边界，流量大小设置为 $263\mathrm{m}^3/\mathrm{s}$，模型出口设置为流速出口边界，流速大小为 $1.031\mathrm{m/s}$，初始水体高度根据上下游水位插值计算结果设定，水流黏滞系数设置为 $0.001\mathrm{N}\cdot\mathrm{s/m}^2$，渠道糙率设置为 0.014，计算时间设置为 $1800\mathrm{s}$[6]。

从分析结果中可以看出（表 1），1 号闸门全开、2 号闸门开度 6000mm、3 号闸门全开的方式控泄运行较三孔闸门均全开方式减小波动效果更好，闸室内波动幅值降低至 0.03m。

表 1　　　　　　　　　闸门控流前后倒虹吸水力特性对比分析[6]

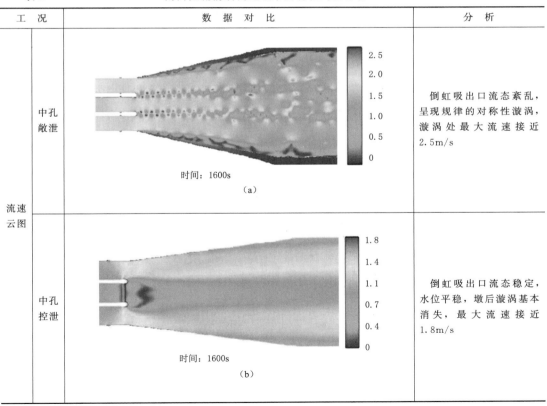

工　况		数　据　对　比	分　析
流速云图	中孔敞泄	时间：1600s （a）	倒虹吸出口流态紊乱，呈现规律的对称性漩涡，漩涡处最大流速接近 2.5m/s
	中孔控泄	时间：1600s （b）	倒虹吸出口流态稳定，水位平稳，墩后漩涡基本消失，最大流速接近 1.8m/s

续表

工 况		数 据 对 比	分 析
水深云图	中孔敞泄	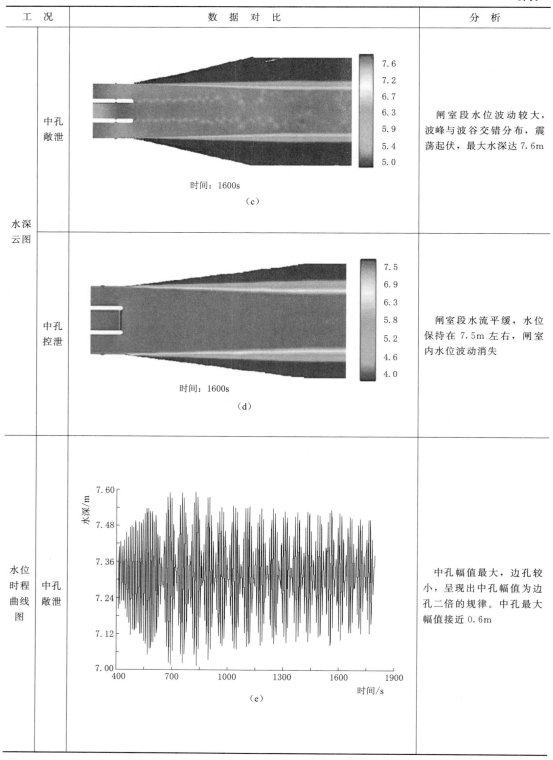 时间: 1600s （c）	闸室段水位波动较大，波峰与波谷交错分布，震荡起伏，最大水深达 7.6m
	中孔控泄	时间: 1600s （d）	闸室段水流平缓，水位保持在 7.5m 左右，闸室内水位波动消失
水位时程曲线图	中孔敞泄	（e）	中孔幅值最大，边孔较小，呈现出中孔幅值为边孔二倍的规律。中孔最大幅值接近 0.6m

工　况		数　据　对　比	分　析
水位时程曲线图	中孔控泄	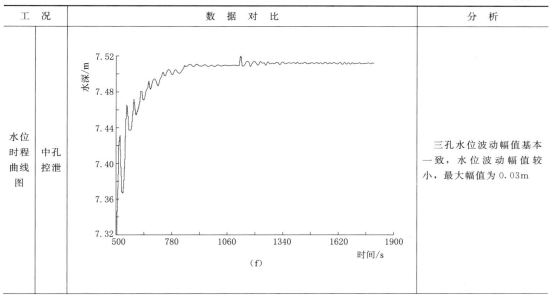	三孔水位波动幅值基本一致，水位波动幅值较小，最大幅值为0.03m

表中图（a）～图（d）的彩图可扫描下方二维码查看

5　结论与讨论

本文针对近年来南水北调中线干线大流量输水期间，个别输水倒虹吸出口在闸门全开工况下存在的水位异常波动和异响问题，选取河南卫辉段山庄河输水倒虹吸为典型建筑物，在内部机理理论分析的基础上，通过数值仿真计算对闸门调度措施实施效果进行了对比分析。结果显示，水流在倒虹吸出口尾墩处形成呈对称分布的卡门涡街是产生水位异常波动的策源地，临时采取中孔闸门入水控流的调度措施，对于消除山庄河输水倒虹吸出口水位异常波动及异响具有一定的效果，其中1号闸门全开、2号闸门开度6000mm、3号闸门全开的方式控泄运行较三孔闸门均全开方式减小波动效果更好，闸室内波动幅值降低至0.03m。

通过现场运行观测，在沿线各输水倒虹吸中，同等流量工况下，四孔流态相对三孔较为稳定，流速小，下游水位低，出口处同样呈现较为规律且对称的漩涡，但水位波动幅值较小。对于三孔倒虹吸，在闸门全开工况下，出口异响主要发生在中孔，边孔相对平静。另外，当前采取临时的中孔闸门入水控流调度措施，虽对抑制和消除倒虹吸出口水位异常波动和异响具有一定效果，但要从根本上解决该问题，应进一步研究采取有效工程措施的可行性，如加长尾墩长度、孔内布置齿坎等，以改善水流流态，保障工程运行安全和渠道正常过流。

参考文献

[1] 崔巍，陈文学，姚雄，等. 大型输水明渠运行控制模式研究 [J]. 南水北调与水利科技，2009，7（5）：6-10，19.

[2] 刘之平，吴一红，陈文学，等. 南水北调中线工程关键水力学问题研究 [M]. 北京：中国水利水电出版社，2010.

[3] 刘宪亮. 南水北调中线工程在华北地下水超采综合治理中的作用及建议 [J]. 中国水利，2020（13）：31-32.

[4] 李景刚，张学寰，陈晓楠，等. 南水北调中线控制闸在渠道蓄水平压中的运用研究 [J]. 中国水利，2019（16）：27-29.

[5] 河南省水利勘测设计院. 南水北调中线一期工程总干渠黄河北—羑河北初步设计报告（第 8 段新乡和卫辉段）[R]. 郑州：河南省水利勘测设计院，2019.

[6] 陈晓楠，刘宪亮，许新勇，等. 南水北调中线干线工程倒虹吸出口异响及水位异常波动研究 [R]. 南水北调中线干线工程建管局 & 华北水利水电大学，2020.

[7] 许新勇，卢明龙，陈晓楠. 南水北调中线工程倒虹吸出口典型水力学问题研究 [M]. 北京：中国水利水电出版社，2022.

[8] 许新勇. 中线典型建筑物大流量输水数值仿真分析报告 [R]. 郑州：华北水利水电大学，2019.

[9] 李大鸣，贾明灏，张弘强，等. 基于 Flow-3D 的多阶明渠工程数学模型研究 [J]. 西北农林科技大学学报（自然科学版），2019，47（9）：128-138.

[10] 张曙光，尹进步，张根广. 基于 Flow-3D 的圆柱形桥墩局部冲刷大涡模拟 [J]. 泥沙研究，2020，45（1）：67-73.

[11] 颜天佑，朱晗玥，赵兰浩. 湍河渡槽基础水力特性数值模拟及冲刷分析研究 [J]. 水利水电技术，2019，50（增刊 2）：106-110.

深化"两个所有"
——如何进一步加强南水北调中线干线冰期输水应急管理浅析

靳燕国　高　林

(南水北调中线干线工程建设管理局,北京　100038)

摘　要: 南水北调中线工程自 2008 年京石段应急供水以来,已经经历了 13 次(京石段 5 次、全线 8 次)冰期输水运行,前 6 次冰期输水过程中,由于输水流量相对较小,冰期输水期间没有出现冰凌等灾害,2016 年之后冰期基本处于暖冬,渠道未长时间形成大规模冰盖,对中线干线渠道输水基本没有影响。但在 2015—2016 年冰期输水期间,发生了一定程度的冰害,南水北调中线干线工程建设管理局部署"所有人查所有问题"行动,各级相关部门迅速行动,全面铺开,自上而下开始了查找问题大行动,通过各项有力措施加强了对中线冰期输水应急管理能力。

关键词: 南水北调中线工程;两个所有;冰期输水;自动化控制;运行管理

南水北调中线干线工程输水线路长、工程种类多样、运行管理难度大的特点,决定了安全生产管理工作的复杂性和艰巨性。尤其是在每年冰期输水运行期间,如何更好地提升渠道冰期输水能力是目前非常现实的一个问题,自"所有人查所有问题"活动在中线工程全面开展以来,按照中线建管局的部署,各相关部门迅速行动,全面铺开,自上而下开始了查找问题的大行动,"两个所有"在工作一线见实招、出实效。总调中心作为一线调度单位已经历经 13 次冰期输水,前 6 次冰期输水过程中,由于输水流量相对较小,冰期输水期间没有出现冰凌等灾害,2016 年之后冰期基本处于暖冬,渠道未长时间形成大规模冰盖,对中线干线渠道输水基本没有影响。2015—2016 年冰期输水期间,南水北调中线总干渠的输水流量较大,冰期输水过程中,发生了一定程度的冰害,因此提高针对渠道冰期输水方面的自查研究,在渠道冰期输水运行控制方面有着重要的意义,可以进一步提高冰期渠道的输水安全性能。

1　中线冰期输水的运行方式

南水北调中线工程绝大多数渠段是根据设计流量下的水面线进行设计的,闸前常水位控制方式是中线工程总干渠输水运行的主要方式。中线在冰期输水控制中,首先通过相关

作者简介:靳燕国(1983—　),硕士研究生,中国南水北调集团中线有限公司,高级工程师。

高林(1978—　),博士研究生,中国南水北调集团中线有限公司,高级工程师。

自动化设备实时监测各个节制闸的水位、闸门开度等基本数据，然后通过通信网络传输到调度中心的数据库，仿真及决策支持系统软件实时读取数据库水位、流量、闸门开度等基本数据，经过调度专家或决策支持系统选择一种自动控制模型[1]（如模糊控制、RBF 神经网络控制方法），依据闸门开度、实测水位与目标水位差等计算得到下一步控制方案，从而进行全线输水运行调度工作。

2 中线冰期输水目前存在的问题

2.1 冰期输水处理突发事件、应急处理能力不足

中线工程面临三大类 14 种突发事件的威胁，每年均会不同程度发生一些突发事件，对工程安全运行造成了一些影响。洪涝灾害、冰冻灾害、工程安全事故、水质污染事件这四类突发事件，各级管理人员存在着部分现地管理处经历此类事件少，风险意识不强，应对工作经验不足等问题。管理机构没有专门设置冰期应急部门或配备专职人员，应急管理人员多为兼职人员，缺乏专业素养，风险意识差，应急知识经验少，对应急预案内容不熟悉，对所管工程的风险状况不清楚。思想认识不到位，相应的应急抢险措施难以落实或落实不到位，一旦发生突发情况，将难以有效应对。

2.2 部分冰期应急预案针对性、可操作性不强

中线建管局目前编制的应急预案包括 1 个综合应急预案和 15 个专项应急预案。目前冰期输水应急预案存在的主要问题是预案针对性、实用性和可操作性不强，各级机构未成立专门的预案编制工作小组，有时照搬照抄的多，内部没有充分讨论预案内容，不同专业预案之间存在冲突、突发事件分级标准不协调，与上级预案、外部预案衔接不到位，应急处置措施内容少、简单、不具体，有时还与实际脱节，突发事件发生后很难对实际抢险起到指导作用。

2.3 冰期应急抢险队伍能力素质不满足要求

目前，中线建管局在全线共建立了 8 支应急抢险保障队伍，汛期和冰期等特殊时段安排一定数量的人员和设备在现场 24h 驻守。但目前这种社会化委托方式建立的应急抢险保障队伍不稳定、人员流动性大，抢险经验得不到积累。一般发生险情后，临时组织人员，责任心不强，人员年龄偏大、体力差、技术工种少，配备的应急抢险设备陈旧、工况不稳定。

3 提升冰期输水运行应急管理措施

3.1 建立完善可行的应急预案体系

冰期运行应急体系的建立应结合工程实际情况，定期对预案进行评估完善，做好资料收集、风险评估和应急资源调查，重点将应急组织机构职责、风险分析、应急处置措施、应急队伍、应急物资、抢险设备等方面细化明确[2]，研究总结同类工程冰期运行险情应急处置技术方案，形成典型案例库，制定应急处置手册，持续提高预案质量，保证针对性和可操作性；同时要加强对二级运行管理机构和三级运行管理机构应急预案的监督指导和评审。

3.2 树立正确的应急管理理念

南水北调中线工程属国家重要战略基础设施，面临各类突发事件风险较大，应高度重

视应急管理工作。一是要坚持以防为主、防抗救相结合,从注重事后应急抢险处置向注重事前预防转变,从应对单一突发事件向综合应对多个突发事件转变,从减少事件损失向减轻事件风险转变;二是立足自我,全力抢险救援,各级管理机构设置应急组织机构或配备专职应急管理人员,建立应急抢险队伍,储备应急抢险物资设备,做好各项突发事件应对工作;三是充分依靠地方政府,坚持属地为主原则,与地方政府建立健全应急联动协调机制。

3.3 加强冰期输水应急演练培训

编制冰期输水突发事件应急演练指南和应急抢险队伍日常训练指南,规范冰期输水应急演练和抢险技能训练,提高应急处置规范化水平。预案修订完善后,每年要突出实战开展常态化的冰期应急演练,事前制定演练计划和演练方案,事中要严肃认真开展演练,事后要认真总结,分析不足,查找问题,完善预案和抢险准备。

3.4 建立多层次抢险保障队伍体系

建立完善中线工程应急抢险队伍体系,形成多层次专兼结合综合队伍保障体系,保证发生险情时拉得出、抢得住。一是加快自有应急抢险队伍建设,培养应急抢险指战员,旨在应急抢险时能起到现场指挥和技术参谋作用,培养特殊专用应急抢险设备技能操作手;二是对现有社会化委托的8支应急抢险队伍加强监督管理,细化合同条款内容,加强考核监督检查,采取突击调动拉练等形式检验队伍的能力,保证关键时刻能冲得上;三是充分依靠地方政府应急抢险队伍力量,建立协调机制,加强沟通联系,通过联合演练等方式磨合机制,确保关键时刻能得到保障;四是用好土建日常维护队伍及工程沿线村镇周边劳务队伍,加强日常联系,可作为应急抢险队伍的有效补充。

3.5 提高全线冰情信息化管理水平

如何更好地开展中线干线冰情原型观测,掌握中线干线冰情演变的规律;总调中心及时掌握渠道冰情发展现状,同时为预报模型提供参数;依靠科技信息化提高中线工程应急处置能力,利用GIS技术、现代网络技术、计算机技术、多媒体技术、通信技术等开发中线工程冰期运行应急指挥系统,可以查询渠道冰期运行期间的基础数据、应急预案、典型险情处置案例库等,同时实现监测预警、突发事件信息报告、应急会商、现场抢险管理等功能,形成标准化抢险作业管理模式,涉及冰期突发事件应急准备、应急响应、应急处置、等全过程。

参考文献

[1] 杨立信. 国外调水工程 [M]. 北京:中国水利水电出版社,2003.
[2] 陈安. 现代应急管理:理论体系与应用实践 [J]. 安全,2019,40 (6):1-14.
[3] 张立德,王远超,周小兵. 沙漠明渠工程设计施工关键技术研究与实践 [M]. 北京:中国水利水电出版社,2006.
[4] 胡江,马福恒,盛金保,等. 长距离引调水工程安全鉴定机制探讨 [J]. 中国水利,2021 (8):46-48.

对南水北调工程重大意义的几点思考

马曼曼[1]　马丹丹[2]　刘学涛[3]

(1. 中国南水北调集团中线有限公司，北京　100038；

2. 天津普泽工程咨询有限公司，天津　300000；

3. 天津市水利工程集团有限公司，天津　300000)

摘　要：南水北调是一项跨流域的宏伟工程，缓解了京津冀地区的严重缺水问题，并解决了沿线上百个县（市、区）的城市生活和工业用水，意义深远，世人瞩目。本文分别从经济常识、政治影响和哲学原理的角度，对南水北调的重大意义进行分析，旨在为未来其他重大工程的实施提供理论思考和经验总结。

关键词：南水北调；中线；意义；思考

南水北调是 21 世纪我国实现水资源优化配置的超大型工程，在酝酿了将近 50 年后，终于从一个宏伟的战略构想，进入实施阶段，并按时实现通水。南水北调是一项跨流域的宏伟工程，旨在缓解北方水危机，实现中国南北经济的协调发展，其意义深远，世人瞩目。下面，分别从经济、哲学和政治的角度，谈谈对南水北调深远意义的几点思考。

1　经济意义重大

以南水北调中线工程为例，中线一期工程多年平均年调水量 95 亿 m³，解决了华北平原北京、天津在内的 19 个大中型城市及 100 多个县（市、区）的城市生活和工业生产用水问题，同时也兼顾生态和其他用水，经济效益和社会效益巨大。

1.1　南水北调建设体现了社会主义根本任务

社会主义的根本任务，就是解放生产力和发展生产力。我国在水资源时间和空间分布上，南北失衡问题严重。首先是降水的时间上，我国处在季风地区，夏秋时节降水多，冬春时节降水少，所以时间上分布不均；空间上，来自太平洋的潮湿气流可以增加我国的降水，但由于我国山川较多，阻碍了暖湿气流的北上，以至于内陆地区与沿海地区降水的分布不均。其次，是与各个河流的汛期有关，我国一般春夏时节，各个流域的水量会增大。因此，南方地区水资源相对充沛，而北方地区，尤其是黄河、淮河、海河流域人均水资源占有量仅为 500m³（每年），是全国人均占有量的 20%。自 20 世纪 80 年代以来，海河、黄河流域的干旱，已持续了 30 年。据专家预测，如果连续干旱，北方城市尤其是京、津、冀地区，人民生活和经济发展用水有可能出现严重缺口。因此，实施南水北调工程，可以

作者简介：马曼曼（1983—　），女，硕士，高级工程师，主要从事技术管理和调度运行管理工作。E-mail：49232049@qq.com。

较大改善北方地区的生态环境特别是水资源条件，增加水资源承载能力，提高资源的配置效率，解决北方地区国民经济和社会生活发展中的"瓶颈"制约，促进经济结构的战略性调整，有力推动北方地区社会生产力的进一步发展。因此，实施南水北调正是实现社会主义根本任务的必然要求。

1.2 南水北调是有效扩大内需的内在需要

扩大内需的含义，就是国家通过采取各种经济手段，扩大国内需求，开拓国内市场。投资、消费和出口是构成社会需求的主要部分，是推动国民经济有效增长的"三驾马车"。近年来，实施积极财政和货币政策，稳步扩大国内投资和消费需求，是促进国民经济增长的有力举措。南水北调工程是我国在世纪之初的一项宏伟工程，是实现水资源优化配置的基础性建设工程。作为当今世界上规模最大的跨流域调水工程，其中仅中线主体工程，输水线路就长达 1432km，工程投资超过 2000 亿元，工程建设项目累计完成土石方超 15 亿 m^3，完成混凝土浇筑 4000 余万 m^3。这样巨大的基础设施建设，必将有力地拉动各项投资和消费，有效开拓传统产业市场，为国民经济持续发展增加后劲，促进经济社会的良性循环。

1.3 南水北调是市场调节和宏观调控有机结合的集中体现

市场调节和宏观调控分别是市场经济运行中的"看不见的手"和"看得见的手"。市场调节，是指通过价格、供求、竞争的变化和相互作用，自然支配调节人们的经济活动。以市场调节为基础，国家再综合运用各种手段对国民经济进行宏观调控。南水北调工程的建设、运行、管理，也要遵循社会主义市场经济客观规律，遵循宏观调控、市场运作、企业管理、用户参与的原则，成立国家控股的供水有限责任公司，各省市成立地方性供水公司，确保南水北调工程的顺利建设实施和运行管理。以市场为向导，在工程建设招标、资金使用上，在工程管理、利益分配上，都要按市场价值规律运作，积极体现公开、公平、公正的市场竞争原则。同时，国家宏观调控的作用也举足轻重。既要通过发行专项国债和安排专项信贷资金来筹集建设资金，以实现财政政策与货币政策的有机结合，也要在法律约束和行政管理上对南水北调工程建设加以规范和引导。通过"两只手"的有机结合，有效加快南水北调建设步伐和运行效率。

2 哲学内涵深刻

南水北调工程的建设和运行，既符合我国市场经济发展和国家宏观调控的需要，也蕴含了深刻的马克思主义哲学观点。

2.1 体现了实事求是一切从实际出发

辩证唯物论认为，物质决定意识，意识反作用于物质。这个原理就是要求我们想问题办事情一定要从实际出发。我国是水资源严重短缺的国家，同时水资源在时空分布上也很不均衡。随着国家经济的飞速发展，北方地区尤其是一些重点城市水资源供需矛盾日趋尖锐。缺水问题，不仅制约北方地区经济社会的正常健康发展，而且也在一定程度上影响了全国经济的可持续发展。从数据上来看，长江是我国最大的河流，水资源丰富，年均流量达到 9600 亿 m^3，入海水量占到总径流量的 94%。因此，完全可以从长江流域调出部分水量来解决北方地区的缺水之急。改革开放以来，国家已经积累了深厚的物质财富，组织实施跨流域调水工程相关的技术难题也已自主攻克。所以，在南水北调各项条件成熟的情况下，把南水北调提上议事日程并付诸实践，从根本上来说是由我国现阶段的基本国情决定的，是马克思主义哲学观点一切从实际出发的具体体现。

2.2 体现了尊重客观规律与发挥主观能动性相结合

从辩证唯物主义角度来看，尊重客观规律与发挥主观能动性二者是辩证统一的，尊重客观规律离不开发挥主观能动性，发挥主观能动性也必须要以尊重客观规律为基础。为缓解我国北方地区严重缺水，20 世纪 50 年代以来，国家有关职能部门就组织各方面专家展开了对南水北调建设实施的长期勘察调查和可行性研究。半个多世纪以来，在前期大量工作的基础上，《南水北调工程论证报告》和《南水北调工程审查报告》先后完成，南水北调工程实施的总体方案敲定，工程建设轮廓日益清晰，即分别从长江流域的上、中、下游地区进行调水，形成东、中、西三条南水北调引水线路。东、中、西三条线路既有各自合理的供水范围，又能够相互补充，从而最终实现长江、淮河、黄河、海河和内陆河地区水资源的科学合理配置。此外，经过大量水利工作人员的技术攻关，调水工程建设实施中的有关难题也得到攻克。所以，南水北调工程建设方案的设计研究论证、路线选择和技术难题攻破，是尊重客观规律和充分发挥主观能动性的结果，充分反映了尊重客观规律和发挥主观能动性辩证统一的马克思主义哲学原理。

2.3 体现了善于抓住主要矛盾

唯物辩证法认为，事物的主要矛盾对发展进程起着决定性作用，这就要求我们办事情干工作要善于抓住重点。国家实施南水北调，这既是一场规模宏大的系统工程，也是一项艰巨的历史任务。为了在这千头万绪工作中找到下手点，抓住着力点，国务院有关业务部门按照"总体规划、全面安排、有先有后、分步实施"的原则，持续推进南水北调工程规划和建设，创造性地提出了"争取中线和东线同时立项""先中后东的建设时序"的工作思路。从我国当前实际国情看，既不可能也不需要东、中、西三条线路同时展开实施，应当把握轻重缓急，有计划分步骤地实施。南水北调的主要目标是解决京、津、冀地区的缺水问题。中线涉及的范围广，在抵御旱情时有较大的回旋余地，即使东线地区出现重大旱情，中线也可应急解围。因此，采用先中后东的建设思路，可以同时解决西线和东线的供水问题；而如果先修东线，则京津地区缺水问题仍不能从根本上解决，还是得再修中线，这样会带来项目重复建设的浪费。所以，先中后东的设计思路，集中体现了着力解决主要矛盾，善于抓住事物重点的辩证法思想。

2.4 体现了坚持用联系的观点看问题

唯物辩证法认为，联系是普遍存在的，联系是事物之间以及事物内部诸要素之间互相影响互相制约的关系，整个世界是一个普遍联系的有机整体。这一原理要求我们应当坚持用联系的观点看问题。国家实施南水北调工程建设，必须考虑生态环境保护、调水与节水、移民安置等相关问题的关系，必须考虑工程规模与调水定价、项目建设资金、用水户的承受能力、重要技术难题之间的关系。尤其是必须认识和处理好治理水污染、实施节约用水和保护生态环境的关系，必须确保先节水后调水、先治污后通水、先环保后用水。工程的规划、设计和实施的基础是节水、治污和生态环境保护。对于水资源调出地区，要充分关注调水对长江中下游地区生态环境保护和社会经济发展产生的影响；对于受水地区，特别是长期干旱的黄海平原和淮海平原，调水后，要谨防当地的土质向沼泽化和盐渍化方向演变。总而言之，在整个规划、设计、建设和运行的过程中，都要坚持用联系的观点看问题，否则就可能带来一定程度的"后遗症"，就无法达到预期目的。

2.5　体现了矛盾的普遍性和特殊性的辩证统一

唯物主义辩证法认为，矛盾的普遍性和特殊性是辩证统一的，一方面，矛盾普遍性寓于特殊性之中，并通过特殊性表现出来，没有特殊性就没有普遍性；另一方面，矛盾特殊性也离不开普遍性。这就要求我们在分析任何问题时，都要坚持矛盾分析法。实施跨区跨流域的大范围调水，并非中国所独有，世界上已有许多国家实施。美国、苏联、德国、西班牙、澳大利亚、巴基斯坦等国都曾经修建了一些跨流域的调水工程，如巴基斯坦实施的"西水东调工程"，调水量大，达到 148 亿 m^3，有效地解决了其国内的东部缺水问题，取得了良好的社会效益和经济效益。虽然各个国家的自然地理条件和社会政治经济背景有很大差别，政府实施的调水方案也不完全相同，但我们仍然可以从中吸取大量值得借鉴的经验。另外，在跨流域调水工程建设方面，我国之前也取得过不少宝贵经验，像引滦入津、引黄济青等工程。总而言之，南水北调工程的付诸实施，既要通过认识到"跨流域调水"这个普遍性问题来广泛吸收其他国家的成功经验，又要看到我们国家自身特殊的地理、经济状况这个特殊性问题，坚持具体问题具体分析。

3　政治影响深远

3.1　具有重要的社会经济和政治意义

经济决定了政治，政治对经济也具有反作用。南水北调工程，能够从在一定程度上解决北方地区经济发展和人民生活水平提高中的重要制约因素——缺水问题。随着南水北调的建设和运行，沿途地区的各类工农业生产向深度和广度扩展，带来地方经济的积极繁荣，对于促进全国经济的协调发展，缩小地区差距，增强综合国力意义重大。同时，经济健康发展又是社会安定团结、国家独立自强的重要基础；我国北方地区社会经济实力的增强，必定会对全国社会政治的稳定起到促进作用。因此，南水北调工程的实施，不仅产生重大的经济意义，而且具有重要的政治意义。

3.2　体现了国家职能作用

我国人民民主专政的国家性质，决定了国家的根本职能是维护最广大人民群众的根本利益。为实施南水北调工程，国家成立了南水北调建设管理委员会，并设立了管理办公室，负责整个工程的统筹规划、掌握政策、信息引导和组织协调等，充分体现了国家组织和领导社会主义经济建设、促进人民群众生活水平提高的职能。同时，党中央先后提出了，在南水北调实施过程中要加强生态环境保护和建设，坚持做到先节水后调水、先治污后通水、先环保后用水，这充分体现了国家组织维护社会公共服务的职能。

3.3　体现了党的宗旨和政治领导

党章中明确，中国共产党是工人阶级的先锋队，是全国各族人民利益的忠实代表，其宗旨是全心全意为人民服务。实施南水北调，是党中央高瞻远瞩所作出的伟大决策。早在新中国成立之初，毛泽东主席就曾经在视察时提出，南方水多，北方水少，如有可能，借点水来也是可以的。此后的几十年，为实现南水北调这一战略构想，大量专业技术人员不同范围、不同层次地进行了勘探、规划、研究和论证工作,虽然期间有起有伏、时急时缓,但从未中断。改革开放以来,我国国民经济实现了高速增长,国家综合国力取得了显著提升,人民生活水平有了较大提高。在这种情况下,党的十五届五中全会通过的《关于国民经济和社会发展的第十个五年计划的建议》中明确提出,要采取多种形式缓解北方地区缺水的矛盾,加强南水北调工程的前期准备,尽早开工建设。所以,南水北调工程的建设和运行,既是党全心全意为人民服务宗旨的具体体现,又是党对国家实施政治领导的集中反映。

当前,南水北调已经由画卷中一种可望而不可即的展望,变成了像举世瞩目的三峡水利工程一样的现实,北京城区的大部分市民已经能喝到长江水,北方地区严重缺水的问题正逐步得到缓解。"南北共饮长江水"的诗情画卷已向我们完全展开。

参考文献

[1] 孙建峰. 对南水北调东线工程几个重要问题的认识 [J]. 水利水电工程设计,2002 (1):1-4.
[2] 王浩,陈敏建,秦大庸,等. 西北地区水资源合理配置和承载能力研究 [M]. 郑州:黄河水利出版社,2003.
[3] 王浩,秦大庸,王建华. 流域水资源规划的系统观与方法论 [J]. 水利学报,2002 (8):1-6.
[4] 左其亭,陈曦. 面向可持续发展的水资源规划与管理 [M]. 北京:中国水利水电出版社,2003.
[5] 吴泽宁. 南水北调工程系统水资源优化配置研究探讨 [J]. 南水北调与水利科技,2002 (3):8-11.
[6] 张瑞恒,侯瑞山. 关于水资源地租若干问题的研究 [M]. 北京:中国水利水电出版社,2003.
[7] 张银杰. 市场的缺陷与政府的职能 [J]. 中国行政管理,1997 (3):15-17.
[8] 冒佩华. 信息化条件下的政府经济权能探析 [J]. 财经研究,2003 (11):26-27.

南水北调中线输水调度管理与技术探析

乔　雨　卢明龙　赵鸣雁　李天毅

（中国南水北调集团中线有限公司，北京　100038）

摘　要：南水北调中线具有输水线路长、无在线调蓄水库、调度控制点多、控制精度要求高、响应时间长、输水工况复杂多变等诸多调度技术难点。为进一步发挥南水北调中线工程的综合效益，实现科学精准调度，本文首先结合中线输水调度实际运行和前人研究的基础上，总结梳理中线输水调度管理现状、运行现状和技术现状，指出当前中线调度面临调度参数实时变化、配套工程不确定取水和检修等常态化调度配合三个问题，最后提出下一步拟借助自动化手段解决中线当前面临的三个问题。

关键词：南水北调中线；调度参数；实时变化；不确定性取水；调度配合

南水北调工程是一项伟大的民生工程、民心工程和生态工程，南水北调中线工程（简称中线工程）是缓解我国北方地区水资源严重短缺、优化水资源配置、改善生态环境的重大战略性基础设施，是关系我国经济、社会和生态协调发展的重大工程，是解决水资源危机的一项重大基础设施[1]。中线工程自湖北丹江水水库引水，全长 1432km，全线自流，沿线分布参与调度建筑物有 64 座节制闸，54 座退水闸，97 个分水口，61 座控制闸，跨越长江、淮河、黄河、海河四大流域，承担着向河南、河北、天津、北京四省（直辖市）的供水任务。

中线工程 2014 年 12 月 12 日正式通水运行，截至 2022 年 7 月 22 日，中线工程累计向北方调水逾 500 亿 m³[2]，随着沿线用水需求逐年增加，南水已由城市备用水源提升为主力水源，工程输水流量不断增大，运行工况日益复杂，且目前中线工程无在线调蓄水库，调度压力逐渐突显，因此，科学合理开展输水调度工作已成为当前中线安全平稳运行的一项重要工作。

1　中线输水调度现状

1.1　调度管理现状

中线输水调度管理采用三级管理，一级调度管理机构为总调度中心，负责全线输水调度管理和实施，主要包括编制供水计划、编制制度标准、制定技术规程、分析沿线水情、下达调度指令并远程操控闸门，以及督导下级调度机构工作等；二级调度管理机构为各分调度中心，负责辖区内输水调度管理、组织现地闸门操作，以及复核操作调度相关信息，主要包括组织水量计量、复核分析辖区水情、转达调度指令并向上级反馈闸门动作情况，

作者简介：乔雨（1990—　），男，博士，高级工程师，主要从事长距离调水工程输水调度技术相关工作。E-mail：qiaoyu@nsbd.cn。

以及监督下级调度机构工作等；三级调度管理机构为各现地管理处中控室，负责辖区内现场调度工作，主要包括水量计量确认、水情实时监测、跟踪远程操控时闸门的动作情况并反馈，以及特殊情况的现地闸门操作等，各级调度管理机构按照"统一调度、集中控制、分级管理"的原则实施调度，统一调度指总调度中心根据供水计划和全线的水情、工情，统一制定和下达调度指令。集中控制指总调度中心利用自动化系统集中远程控制闸门。分级管理指各级调度管理机构按照职责分工开展和管理输水调度，中线输水调度三级管理示意图如图 1 所示。

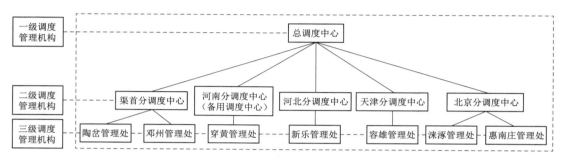

图 1　中线输水调度三级管理示意图

1.2　调度运行现状

中线输水调度运行采用闸前常水位控制模式，水量调度年度为每年 11 月 1 日至次年 10 月 31 日，年度内包含冰期调度、汛期调度和应急调度等特殊调度，不同调度时期运行目标水位不同，其中冰期要求高水位运行，一般节制闸闸前目标水位为设计水位，汛期要求低水位运行，一般节制闸闸前目标水位为低限水位以上 10cm，不同调度时期各节制闸闸前水位均设有低限和高限预警值，部分分水口有水位最低保证要求，冰期调度和汛期调度要求渠道水位日变幅不超过 30cm，小时变幅不超过 15cm，特殊渠段的相关节制闸要根据工程实际运行需要，单独设置目标水位和预警值，比如为平压高地下水位、防止倒虹吸出现异响，部分节制闸闸前目标水位要控制在设计水位以上甚至加大水位。应急调度节制闸闸前目标水位要求事故段上游段黄河以南节制闸闸前目标水位为设计水位以上 40cm，黄河以北节制闸目标水位为设计水位以上 10～20cm，事故段下游段节制闸目标水位为事故发生前闸前水位以下 20cm，不同调度时期运行目标水位要求见表 1。

表 1　　　　　　　　　　　不同调度时期运行目标水位要求

调度时期	目　标　水　位		变 幅 要 求	
			日变幅	小时变幅
冰期	设计水位		＜30cm	＜15cm
汛期	设计水位－0.1m		＜30cm	＜15cm
应急	事故段上游	黄河以南：设计水位＋0.4m		
		黄河以北：设计水位＋0.1～0.2m		
	事故段	加大水位＋0.4m（穿黄出口节制闸除外）		
	事故段下游	事故发生前闸前水位－0.2m		

中线工程输水线路长，调度运行将中线总干渠划分为渠首至穿黄段、穿黄至漳河段、漳河至古运河段、古运河至北拒段四个分段，本文在四个分段中选取小洪河节制闸、溃城寨节制闸、牤牛河节制闸和放水河节制闸作为代表控制点，选取 2018 年 7 月和 2019 年 2 月运行数据分别作为汛期和冰期数据，进行冰期和汛期运行水位统计分析。

通过统计分析冰期和汛期运行水位，得知从南到北越来越明显地呈现出"冰期高水位，汛期低水位"的运行特点，其中渠首至穿黄段的冰期和汛期平均运行水位几乎无差别，实际运行中该段不属于总干渠冰情可能出现的渠段，因此该段冰期运行水位并未出现高于汛期的现象；穿黄至漳河段的冰期运行水位比汛期高 0.09m，该段部分渠段属于总干渠冰情可能出现的渠段，因此该段冰期运行水位出现小幅高于汛期的现象；漳河至古运河段和漳河至北拒段的冰期运行水位都比汛期高 0.10m 以上，这两段完全属于总干渠冰情可能出现的渠段，其中，漳河至古运河段的冰期运行水位比汛期高 0.15cm，古运河至北拒段的冰期运行水位比汛期高 0.18m，具体冰期和汛期运行水位对比情况如图 2 所示。

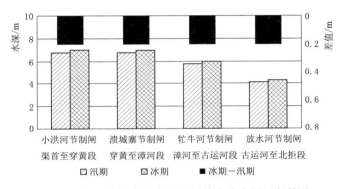

图 2　汛期和冰期典型节制闸闸前水位实际运行情况

1.3　调度技术现状

近年来，众多学者通过各种方法取得了一些技术成果，比如方神光等[3] 采用一维非恒定流模型模拟分析校核了多种工况下退水闸的退水能力；姚雄等[4] 提出了流量主动补偿的运行方式可以有效地解决中线调度中闸前常水位运行方式与需求型运行概念兼容性差的问题；张成[5] 提出了中线闸前常水位控制模式下的最优水位变幅区间；崔巍等[6] 提出了冬季输水过渡期的闸前变水位运行方式；穆祥鹏等[7] 应用水力学、冰水力学和传热学等理论，建立了中线冰期输水模型，提出了冰期运行控制方面的建议；黄会勇[8] 制定了中线自动控制前馈策略和反馈策略；张大伟[9] 和陈翔[10] 分别讨论了中线突发水污染事件的应急调控策略；王浩等[11] 讨论了中线自动化调度研究中亟待解决的科学问题，提出已有的控制算法不能完全解决中线的所有的控制问题；曹玉升等[12] 提出了适用中线工程的实时调度控制策略；管光华等[13] 提出了简化时滞参数显示算法既可满足实际工程需要，又可明显减少基于蓄量补偿前馈算法的计算量；郑和震[14] 提出了中线水力学模型计算可忽略水量损失。中线全线自动化调度的现有研究成果主要以某一时期指定工况下的部分渠段为研究对象展开研究，很少有基于实时层面的全线自动化调度实践研究。

中线现有的自动化调度系统包含日常调度管理系统、闸站监控系统、水量调度系统、视频监控系统、工程防洪信息管理系统、模拟屏系统和其他系统。截至目前，中线输水调度技术已实现水情数据的自动采集与上报、调度指令的下达与上传、水体和日报短信的自动计算等调度决策辅助分析功能，基本实现了无纸化调度。

2 当前中线调度面临的问题

2.1 调度参数实时变化

中线总干渠全长 1432km，沿线设有的 64 座节制闸将总干渠划分为 63 个渠池，不同节制闸的水位-流量过闸关系和不同渠段的综合糙率各不相同，水位-流量过闸关系和综合糙率的准确程度直接影响闸门操作次数和水面线推算，最终影响调度控制效果。通过分析历史调度数据发现，某一闸门的水位-流量过闸关系和某一渠段的综合糙率等调度参数并不是固定不变的，而是随着工程的运行在不断发生变化的。针对调度参数的实时变化，如何科学合理率定调度参数已成为当前中线调度面临的一项问题。

2.2 配套工程不确定性取水

截至目前，中线已累计开启分水口门（包含退水闸）数量多达 110 余个，正常月供水计划都会精确到每个分水口门的分水流量和分水总量，但在实际输水调度管理过程中发现，地方配套工程管理单位会根据实际需要在月供水计划的基础上进行计划调整和临时调整，因此所有分水口门时刻都存在取水不确定性的可能，为此，总干渠要根据配套工程管理单位每次调整幅度的大小和调整时间的长短，并结合全线水情进行统筹调度，正是由于配套工程取水的不确定性，破坏了输水系统原有的平衡状态，开展调度会增加了闸门操作次数，不开展调度会影响运行水位。针对配套工程取水的不确定性，如何保证闸门操作次数和影响范围最小已成为当前中线调度面临的一项问题。

2.3 检修等常态化调度配合

为满足工程运行实际需要，现地管理人员要定期开展设备设施检修等常规调度配合工作，比如某节制闸通过三孔弧形闸门控制过流，其中某一孔要全关进行检修操作，现场操作人员要逐步关闭该闸门，同时逐步增加其他孔的闸门开度，保持该节制闸过流不变，待该弧形闸门完全关闭后，落下对应进口检修闸门，然后该弧形闸门进行启闭保养维修。整个调度配合过程重复烦琐，而且检修闸门处水位会因不参与调度下启闭而出现错误，如何将此项重复烦琐的工作准确高效实施调度已成为当前中线调度面临的一项问题。

3 下一步拟采取的解决措施

下一步拟借助自动化手段解决上述问题。在现有的自动化调度系统中开发调度参数率定模块、分水口门监管模块和检修等调度配合模块，其中调度参数率定模块根据实际需要合理选定历史数据时间范围，依据选定时间范围内的历史调度数据，进行自动化滚动率定调度参数。分水口门监管模块自动分析各分水口门的不确定性取水特性，根据不确定性参数的不同将分水口门分类，然后根据分类情况采取相应措施，在保证正常运行的前提下尽可能小范围调度响应分水口取水的不确定性变化，同时针对经常出现不确定性取水的分水口门，定期梳理总结分水规律及其造成的影响，积极与配套工程管理单位沟通，协商制定分水口门管理办法。检修等调度配合模块根据历史类似工况下的调度数据分析各节制闸调度特性，结合调度配合目标参数，生成最优的调度配合方案，最终实现常规检修等调度配合全自动化操作。

参考文献

［1］ 刘之平. 南水北调中线工程关键水力学问题研究［M］. 北京：中国水利水电出版社，2010.

［2］ 王浩. 南水北调中线累计输水突破 500 亿立方米［N］. 人民日报，2022－07－26（1）.

［3］ 方神光，尚毅梓，李玉荣，等. 大型输水渠道退水口的退水能力研究［J］. 水利水电科技进展，2008，28（1）：58－61.

［4］ 姚雄，王长德，丁志良，等. 渠系流量主动补偿运行控制研究［J］. 四川大学学报（工程科学版），2008，40（5）.

［5］ 张成. 南水北调中线工程非恒定输水响应及运行控制研究［D］. 北京：清华大学，2008.

［6］ 崔巍，陈文学，穆祥鹏，等. 南水北调中线总干渠冬季输水过渡期运行控制方式探讨［J］. 水利学报，2012，43（5）：580－585.

［7］ 穆祥鹏，陈文学，崔巍，等. 南水北调中线工程冰期输水特性研究［J］. 水利学报，2011，42（11）：1295－1301.

［8］ 黄会勇. 南水北调中线总干渠水量调度模型研究及系统开发［D］. 北京：中国水利水电科学研究院，2013.

［9］ 张大伟. 南水北调中线干线水质水量联合调控关键技术研究［D］. 上海：东华大学，2014.

［10］ 陈翔. 南水北调中线干线工程应急调控与应急响应系统研究［D］. 北京：中国水利水电科学研究院，2015.

［11］ 王浩，雷晓辉，尚毅梓. 南水北调中线工程智能调控与应急调度关键技术［J］. 南水北调与水利科技，2017，15（2）：1－8.

［12］ 曹玉升，畅建霞，黄强，等. 南水北调中线输水调度实时控制策略［J］. 水科学进展，2017，28（1）：133－139.

［13］ 管光华，廖文俊，毛中豪，等. 渠系前馈蓄量补偿控制时滞参数算法比较与改进［J］. Transactions of the Chinese Society of Agricultural Engineering（Transactions of the CSAE），2018，34（24）：72－80.

［14］ 郑和震. 南水北调中线干渠突发水污染扩散预测与应急调度［D］. 杭州：浙江大学，2018.

动环监控系统与融冰系统的结合应用探讨

钱辉辉　　白庆辉　　郑广鑫

（中国南水北调集团中线有限公司河北分公司磁县管理处，磁县　056500）

摘　要： 动环监控系统也称机房动力环境监控系统，随着移动技术和云计算的发展，如今机房设备越来越多，为保证机房正常的运行环境，机房动力环境监控系统就显得十分重要。且闸门融冰系统作为南水北调中线工程中的一部分，结合现有的动环系统，既能实现远程监控，又能保障冰期输水的安全性。

关键词： 动环监控系统；融冰系统；南水北调中线工程；远程监控

1　引言

南水北调中线工程是我国规模最大的调水工程，全长 1432km，其中陶岔渠首至北拒马河段全长 1197km，主要采用新开明渠输水，渠道主要采用梯形断面，全断面进行混凝土衬砌；天津段长约 155km，该段采用暗涵输水形式；北京段长约 80km，该段采用 PC-CP 管和暗涵相结合的输水形式。

由于南水北调中线工程线路较长，跨区域较大，沿线区域又属于温带季风气候，受季风影响，四季分明，其中河北段气温变化较为明显，受南下冷空气影响该段冬季寒冷少雪。又因该渠段为新开明渠段，受气温影响较大，所以该渠段与输水调度有关的节制闸、退水闸工作门、排冰闸工作门均设有融冰设施。

2　南水北调中线工程融冰系统现状描述

2.1　融冰系统现状

南水北调工程中闸门主要应用的融冰系统有两种，分别为热管融冰系统和热缆融冰系统。埋件安装位置为工作闸门两侧，利用热导原理使闸门两侧埋件受热，其控制方式分别为手动控制和自动控制。手动控制用现地人员操纵加热启动按钮为加热元件供电，其加热过程不受温度限制，均由人员干涉启停；自动控制则通过 PLC（可编程逻辑控制器）控制模块进行控制，PLC 指令设定埋件温度低于 5℃ 进行加热，埋件温度到达 10℃ 停止加热，当介质（导热液）温度达到 55℃ 时，系统会出现报警，介质温度达到 60℃ 时系统会自动切断主路电源使其停止加热。

2.2　融冰系统存在的安全隐患

手动控制和自动控制两种工况均无法做到实时监控，且因人员因素或设备故障因素可

作者简介：钱辉辉（1994—　），男，本科，助理工程师，主要从事安全生产管理和调度运行管理工作。

能导致以下事故发生。

（1）手动控制时工作人员擅自离开设备，温度无法得到监控，可能导致设备无上限加热酿成火灾。

（2）自动控制时因 PLC 故障，导致加热温度不受控制，又没有人员进行实时监控，可能酿成火灾。

火灾所导致的后果无法预测，同时相关人员也可能受到法律的制裁，所以要想避免电气火灾的发生，对设备做到有效监控十分重要。

3　动环监控系统

3.1　动环监控系统简介

通信电源及机房环境监控系统（简称动环监控系统）是对分布在各机房的电源柜、UPS、空调、蓄电池等多种动力设备及门磁、红外、窗破、水浸、温湿度、烟感等机房环境的各种参数进行遥测、遥信、遥调和遥控，实时监测其运行参数，诊断和处理故障，记录和分析相关数据，并对设备进行集中监控和集中维护的计算机控制系统。

3.2　动环监控系统的整体功能

动环监控系统的功能就是对监控范围内分布的各个独立的监控对象进行遥测、遥信；实时监视系统和设备的运行状态，记录和处理相关数据；及时侦测故障，并做必要的遥控操作；适时通知人员按照上级监控系统或网管中心的要求提供相应的数据和报表，从而实现通信局（站）的少人或无人值守以及电源、空调等设备的集中监控维护管理，提高机房内各系统的可靠性和安全性。

3.3　动环监控系统的工作原理

动环监控系统是一个系列产品，其工作原理如下：由数据采集模块对监控对象（电源、空调等）进行数据采集，将采集到的数据提交运行与维护核心功能模块，核心功能模块经过数据处理，将要调控的操作命令下发到设备控制模块，设备控制模块执行调控命令，对监控对象进行调控；同时运行维护核心功能模块将处理后的数据提交管理功能模块，并完成日常的告警处理、控制操作和规定的数据记录等。管理功能模块执行管理功能，包括配置管理、故障管理、性能管理、安全管理。

3.4　动环监控系统的优势

（1）稳定性和安全性：机房动环监控系统适应监控数字化、网络化发展趋势，不落后，不重复投资；采用企业内部局域网或广域网通信和管理，稳定安全。采用 TCP/IP 方式，各个被监控机房可以很容易地与监控管理中心及数据库建立起联系，用较低的成本对被监控机房的动力设备、机房环境、安全保卫消防、视频图像等信息实施统一平台下的监控。

（2）实时性和可扩展性：监控主机采用采集、解析、传输和报警一体化设计，报警迅速，数据显示及时，数据记录完整，数据分析直观；机房动环监控系统以模块化设计，具有开放性，能灵活地组建各种规模的监控系统，与企业内部网络系统联接，有机融合成一个整体。

机房大小差异较大，要求设计的系统能适合各种实际情况，有较强的可扩性，能随时适应对系统的扩容要求。监控主机采用采集、解析、传输和报警一体化设计，报警迅速，数据显示及时，数据记录完整，数据分析直观。

4 动环监控系统与融冰系统结合应用

南水北调中线工程融冰系统要想实现网络远程监控，必须要有网络，现有网络属中线专用网络，其安全性可以得到保障，构建局域网络较为便利。结合现有的动环监控系统、电气控制模块、状态监测模块、网络通信的设计及监控软件的设计，共同搭建一套可实时监控的平台，与现有网管监控中心相结合，使值班人员可随时随地看到数据变化，温度得到实时监控，同样也消除了在无人值守闸站内所存在的安全隐患。另外可根据该系统统计该区域温度的变化，利用大数据对不同区域气温进行观测及分析，提前实施防范措施，从而实现融冰系统集中监控。

南水北调工程正在实施"智慧中线"，在物联网大数据下该系统也可和中线天气建立互联关系，在气温变化时可对融冰系统进行集中监控、远程控制、区域管理，手持终端上同样也可以实时查看实时温度、历史温度以及温度趋势分析等。

5 结语

动环监控系统可在远程监视与控制方面充分发挥现代化技术手段，实现对融冰系统的全面监控，有效降低事故发生率。动环监控系统，也可对站内更多的设备进行监控，有效推动"智慧中线"的发展。

参考文献

[1] 吴军涛. 物联网计算机网络安全与远程控制技术研究 [J]. 电脑编程技巧与维护，2020 (9)：160 - 162.
[2] 要镇国. 井下钻机电液远程控制系统设计 [J]. 机电工程技术，2020，49 (10)：205 - 206，238.

基于自动化控制模型的南水北调中线运行研究

左 丽[1] 赵 慧[2]

(1. 中国南水北调集团有限公司，北京 100038；

2. 中国南水北调集团中线有限公司，北京 100038)

摘 要：中线干线工程长距离输水规模巨大，技术复杂，本文通过分析南水北调中线冰期自动化输水运行管理的现状、特点和管理经验，比较全面地总结了南水北调长距离大型调水工程冰期运行管理的经验、教训和体会，能给我国长距离大型调水工程的冰期运行管理理论和实践提供一定参考价值。

关键词：长距离输水；冰期运行；自动化控制；运行

南水北调中线总干渠输水距离长达 1400 余公里，控制节点多，沿线均无调节水库，只能利用有限的渠道调蓄能力，水力条件非常复杂，如此大规模、长距离调水工程的输水运行控制问题国内尚无先例，调水工程的调度和控制也十分复杂，其难点在于：渠线长，控制建筑物多；明渠输水为无压自流形式，如果输水干渠上没有任何调蓄水库，输水控制过程的可调节能力较差，控制难度也就更大；长距离调水工程沿线水量分配不均，而且与当地水源联合调度，各闸门的需水量也是变化的。

1 渠道输水自动化控制数学模型研究现状

渠道的自动化控制方法的研究和应用在国外开展得较早，在 1937 年，阿尔及利亚就安装了上游常水位自动闸门（AMIL），20 世纪 40 年代下游常水位控制闸门（AVIS 或 AVIO）开始安装使用，法国 SOGREAH 公司研究开发了 BIVAL 控制模型，是一种等容积就地自动控制模型，也是一种比例积分控制，应用该控制方法的有墨西哥的 Cupatitzio - Tepalcatepec 工程等，其他同类控制如 P＋PR（比例＋比例复位）控制算法将积分控制引入渠道控制，用于上游控制模式，应用该控制方法的有华盛顿的 Umattilla 流域工程、亚利桑那的 Yuma Dsesalting 水槽排水渠道等[1]。

2 南水北调中线自动化控制

在输水控制中，首先通过自动化设备实时监测各个节制闸的水位、闸门开度等基本数据，然后通过通信网络传输到调度中心的数据库，用仿真及决策支持系统软件实时读取数

作者简介：左丽（1979— ），女，学士，教授级高级工程师，主要从事南水北调相关科技管理工作，zuoli@nsbd.cn。

赵慧（1985— ），女，硕士，高级工程师，主要从事运行调度管理工作，zhaohui@nsbd.cn。

据库水位、流量、闸门开度等基本数据，经过调度专家或决策支持系统选择一种自动控制模型（如模糊控制、RBF 神经网络控制），依据闸门开度、实测水位与目标水位差等计算得到下一步控制方案。

2.1 中线渠道运行方式

中线渠道运行方式根据渠道水位控制点的位置可分为闸前常水位（下游常水位）、闸后常水位（上游常水位）、等容量法和控制容量法。

（1）闸前常水位。闸前常水位是指渠段的水位控制点在下游闸门前，在稳定条件下，水位总是保持在控制点位置。当流量增加时，渠段内水体体积增加，水力坡度增大；当流量减小时，水力坡度和渠段水体体积均减小。闸前常水位在长距离输水工程中采用较多，原因是渠顶高程可以按最大稳定流量设计下的水面线加超高设计，在最大稳定流量运行时，渠段内水位不会超过设计水位，渠道超高小，工程投资少。

（2）闸后常水位。闸后常水位是指渠段内水位控制点在渠段上游闸门下游，在渠段水流稳定条件下，闸后水位总是保持不变。该运行方式渠段水体体积与流量变化趋势相反，当流量增加时，渠池内蓄量减小，水力坡度增大；当流量减小时，渠池内蓄量增大，水力坡度减小。

（3）等容量法。控制渠段内水体体积恒定，渠段水面线以渠段中点附近的支枢点而转动的情况下使用该方法，在稳定状态下，渠池的蓄量不变，在控制的过程中要求渠段的上、下游闸门同步操作，以保证渠池内的蓄量体积恒定。

（4）控制容量法。控制容量法是通过移动或改变渠池内控制点的位置来控制一个或多个渠池内的蓄量来达到控制效果的方法，具有一定的灵活性，可用于在正常运行和紧急运行状态间的转换以避免弃水或其他灾害。

南水北调中线工程绝大多数渠段堤顶均根据设计流量下的水面线进行设计，因此，在达到设计供水能力的情况下，绝大多数渠段不适合采用"上游常水位""等容量法"和"控制容量法"方式运行。因此，"下游常水位（即闸前常水位）"方式是中线工程总干渠运行的主要方式。

2.2 渠道控制算法

渠道控制算法主要是确定运行控制的控制变量和控制逻辑[2]。渠道控制算法中一般考虑三个典型变量：被控制变量、测量变量和控制作用变量。被控制变量可取流量、水体体积、水位等，是控制算法的目标变量；测量变量可取水位、流量、开度等，是控制算法的输入，可在渠道系统中测量得到；控制作用变量一般取闸门开度或流量，是控制算法的输出，是控制算法的结果。

控制逻辑是指控制算法中被控制变量和控制作用变量之间联系的类型和方向。控制算法的类型有前馈控制、反馈控制和混合控制。若系统的被控变量对系统的控制作用没有影响，则此系统称为前馈控制系统，前馈控制系统不需要对被控制量进行测量，也不需要将被控制量反馈到系统，前馈控制系统抗干扰能力非常弱，前馈控制一般将流量作为被控变量；反馈控制可用于控制各种被控变量（如水位、流量和体积），其中水位是最常见的反馈控制被控变量，反馈控制的最大局限性在于对于复杂的过程（如时滞过程）控制效果很差；混合控制即将前馈和反馈结合使用，取长补短。现代渠道系统中一般采用流量前馈加水位反馈的混合控制方式[3]。

根据中线渠道控制特点和要求，本文采用前馈加反馈的混合控制。选取流量作为前馈控制的被控制变量和测量变量，闸门开度作为前馈控制的控制作用变量。反馈控制的被控制变量和测量变量均取为水位，控制作用变量取为开度。

2.3 渠道计算过闸流量

输水工程输水调度控制的关键是确定任意时刻各节制闸的过闸流量，过闸流量已知的情况下，通过上下游实测水位即可反算出节制闸的开度，从而形成控制指令。假定各节制闸流量变化为分段线性函数，则任意时刻的过闸流量 Q 可以按式（1）求得：

$$Q = \begin{cases} Q_{i0} & (t \leqslant t_{i0}) \\ Q_{it} = Q_{i0} + k_i(t - t_{i0}) & (t_{i0} < t \leqslant t_{ie}) \\ Q_{ie} & (t > t_{ie}) \end{cases} \tag{1}$$

$$k_i = \frac{Q_{ie} - Q_{i0}}{t_{ie} - t_{i0}}$$

式中：i 为节制闸，$i=1$ 时为渠段上游端闸，$i=2$ 时为渠段下游端闸；0、e 分别为流量开始调整时刻及流量调整完成时刻；k_i 为节制闸流量改变斜率。

3 中线自动化控制水力模型

本文以 Saint - Venant 方程组作为模拟明流建筑物的基本方程，以低压管流方程作为模拟倒虹吸等有压建筑物的基本方程。模型离散、求解的基本思路与方法是：以节制闸为边界将中线全线分为若干渠段，渠段内部采用水流方程求解各水力要素，渠段之间以节制闸过闸流量方程为边界条件进行耦合，整个系统采用"二重迭代"的方式解决非线性耦合问题[4]。

总干渠恒定流计算的基本方程为能量方程，非恒定流计算的基本方程为 Saint - Venant 方程，闸门开度、水位、流量计算的基本方程是过闸流量方程。

3.1 无压非恒定流基本方程

当需要改变总干渠输水流量时，需要调节节制闸、分水闸等控制建筑物的开度，此时总干渠内水位、流量会发生变化，为非恒定流。明流非恒定流过程可用 Saint - Venant 方程组来描述，用 Saint - Venant 方程组来描述明渠非恒定流是建立在以下假定之上的[5]。

（1）水流为一元非恒定流，过水断面上的流速均匀分布，水面横向是水平的。

（2）流线弯曲小，河床为定床，波动水面是渐变的，其垂直方向的加速度很小，过水断面动水压强分布符合静水压强分布规律。

（3）水流为长波渐变的瞬时流态，局部水头损失可以忽略不计，仅考虑沿程水头损失，边界糙率的影响和紊动能够采用恒定流阻力公式计算。

（4）渠道为纵坡缓，$\cos\theta \approx 1$。

南水北调中线工程总干渠非恒定流过程采用一维 Saint - Venant 方程组来计算总体上是合适的。由连续方程和动量方程组成，详见式（2）：

$$\begin{cases} \dfrac{\partial Q}{\partial x} + \dfrac{\partial F}{\partial t} + q = 0 \\[2mm] -\dfrac{\partial Z}{\partial x} = \dfrac{u|u|}{C^2 R} + \dfrac{u}{g}\dfrac{\partial u}{\partial x} + \dfrac{1}{g}\dfrac{\partial u}{\partial t} - \dfrac{q}{gF}(2u - u_{qx}) \\[2mm] Q = uF \\[2mm] C = \dfrac{1}{n}R^{\frac{1}{6}} \end{cases} \tag{2}$$

式中：Q 为流量；F 为过水断面面积。对于非棱柱体渠段，F 是水位 Z 和流程 x 的直接函数，即 $F = F[x, Z(x, t)]$；对于棱柱体渠段，F 仅是水位 z 的直接函数，即 $F = F[Z(x, t)]$；u 为流速；Z 为水位，$Z = Z(x, t)$；C 为均匀流公式 $u = C\sqrt{RJ}$ 中的谢才系数；R 为湿周；q 为单位长渠段上分出的流量，假设分水流量垂直于总干渠渠线，流出为正；u_{qx} 为 q 在渠道水流方向上的流速分量，垂直出流 $u_{qx} = 0$。

经变换，以 Q、Z 为因变量的 Saint-Venant 方程组为

$$\begin{cases} \dfrac{\partial Z}{\partial t} + \dfrac{1}{B}\dfrac{\partial Q}{\partial x} + \dfrac{q}{B} = 0 \\[2mm] \dfrac{\partial Q}{\partial t} + \dfrac{2Q}{F}\dfrac{\partial Q}{\partial x} + gF\dfrac{\partial Z}{\partial x} - \dfrac{Q^2}{F^2}\dfrac{\partial F}{\partial x} + \dfrac{gQ^2}{FC^2 R} - \dfrac{Qq}{F} = 0 \end{cases}$$

式中：B 为渠道阻力系数。

3.2 有压非恒定流基本方程

总干渠上的倒虹吸等建筑物为有压流，有压非恒定流基本方程为

$$\begin{cases} \dfrac{\partial(\rho Q)}{\partial x} + \dfrac{\partial(\rho F)}{\partial t} + \rho q = 0 \\[2mm] \dfrac{\partial Z}{\partial x} + \dfrac{\partial p}{\gamma \partial x} + \dfrac{u}{g}\dfrac{\partial u}{\partial x} + \dfrac{\partial u}{g\partial t} + \dfrac{\partial h_w}{\partial x} - \dfrac{q}{gF}(2u - u_{qx}) = 0 \end{cases}$$

式中：ρ 为水的密度；γ 为水的容重；p 为水压力；$\dfrac{\partial h_w}{\partial x}$ 为单位重水体在单位流程上的能量损失，即 $\dfrac{\partial h_w}{\partial x} = \dfrac{u^2}{C^2 R}$；$q$ 为单位长上分出的流量，流出为正；u_{qx} 为 q 在渠道水流方向上的流速分量，一般为 0；其余符号含义同前。

总干渠水力模拟模型是中线水量调度模型控制策略的模拟平台，是验证控制策略和控制规则的合理性、安全性、可行性的基础，可用于调度运行模拟等各个方面，在输水过程中，经过调度专家或决策支持系统选择的自动控制模型，然后依据闸门开度、水位差等计算得到下一步控制方案，然后用非恒定流仿真模拟，以进一步确定是否可行。

参考文献

[1] 杨立信. 国外调水工程 [M]. 北京：中国水利水电出版社，2003.

[2] 张立德，王远超，周小兵. 沙漠明渠工程设计施工关键技术研究与实践 [M]. 北京：中国水利水电出版社，2016.

［3］ 阮新建，袁宏源，王长德. 灌溉明渠自动控制设计方法研究［J］. 水利学报，2004（8）：21－25.

［4］ 王万良. 自动控制原理［M］. 北京：科学出版社，2001.

［5］ 阮新建，杨芳，王长德. 渠道运行控制数学模型及系统特性分析［J］. 灌溉排水，2002，21（2）：36－40.

自动化调度与决策平台在南水北调中线
干线工程中的应用

陈　阳　　王彤彤

（水利部南水北调规划设计管理局，北京　100038）

摘　要： 南水北调中线一期工程已通水 8 年有余，效益显著，成为了沿线城市的"供水生命线"。为提高水资源集约节约利用水平、精确调水，运行管理单位建设了自动化调度与运行管理决策支持系统。系统依靠实体环境，依照现行的技术标准和规范规程，实现了水量调度、闸站监控、工程安全监测、水质监测、调度会商决策、工程防洪、工程运行维护、安防监控、办公自动化等功能，保证了中线干线工程的科学调度、可靠监控、高效运行和安全管理。

关键词： 南水北调；自动化；水量调度；调度系统

1　引言

南水北调工程事关战略全局、事关长远发展、事关人民福祉。南水北调中线干线工程由丹江口水库引水，经河南、河北到北京、天津，全长 1432km，沟通长江、淮河、黄河及海河四大流域。全线输水以明渠为主，北京、天津段采用管涵输水，目前沿途无正在使用的调蓄设施，是通过对全线 304 座节制闸、退水闸、倒虹吸工作闸、分水闸、泵站、连通井、保水堰等进行实时闭环自动控制方式输水。中线干线工程运行管理具有地域分布广、管理层次多、安全要求高、应急处理复杂等特点，需按照"统一调度、集中控制"方式进行调度控制。自动化调度与决策平台在调水工程中的应用可有效提高水量调度的精确性与运行效率，大量节省人力资源，南水北调中线干线自动化调度与运行管理决策支持系统实现了精确准确调水、按时按质按量安全输配水的目标。

2　调度系统平台框架

南水北调中线干线工程自动化调度与运行管理决策支持系统框架见图 1。

信息系统框架的建立是水利信息化工作的第一步[1]。南水北调中线干线工程自动化调度与运行管理决策支持系统由运行的实体环境做硬件支持，以近 200 项制度标准的编制修订、近 500 项业务的梳理和 30 个关键业务流程图的绘制为标准依据，依托通信系统及计

通信作者：陈阳，女，硕士研究生，水利部南水北调规划设计管理局，工程师，研究方向为水利信息化，chenyangjlu@163.com。

算机网络系统、应用支撑平台，运用多种手段进行信息采集，实现调度运行管理功能[2]。该系统主要功能为：实时掌握闸（泵）站出口、交水断面、控制性闸站的流量、水位、水质等调水信息及重要工程的安全、运行维护信息，远程监控调水沿线闸（泵）站[3]，实现水量优化调度、水质水事处理等功能。视频监控系统、通信系统、安防系统等在调度运行中也不可或缺。

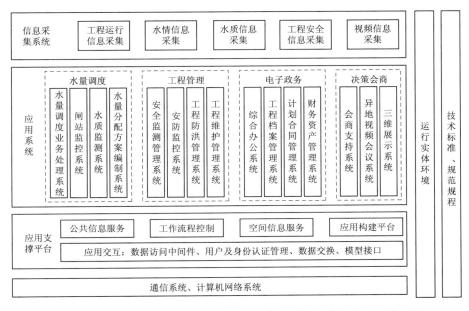

图 1 南水北调中线干线工程自动化调度与运行管理决策支持系统框架

3 主要系统介绍

3.1 水量调度业务处理系统

水量调度业务处理系统主要负责完成南水北调中线水量调度日常业务处理工作，为水量调度方案编制、水量统计分析、水费计算、调度方案评价、调度结果分析、应急响应、综合信息服务与决策会商等提供依据。水量调度日常业务处理系统是调水业务处理系统的业务逻辑集成和用户应用接口层，是水量调度基础数据的管理中心和各类动态数据的汇集管理中心，是水量调度工作人员业务平台，是水量调度相关应用系统的门户系统。

3.2 闸站监控系统

闸站监控系统担负着全线所有闸站的生产运行任务。建设覆盖 260 余座闸站约 8.7 万支监测设备的闸站控制信息采集系统；建设覆盖总调中心、各分调中心、各管理处的远程闸站监控子系统以及覆盖各现地站的现地监控子系统，实现身份验证、闸站控制、运行状态实时监测、告警、模拟、趋势分析、查询统计、系统管理等功能。

3.3 安防监控系统

安防监控系统是基于覆盖 260 余座闸站的监视工程全线周边及工程自身的视频监控系统、对工程沿线进行安全防护的智能电子围栏系统[4]、安防业务综合监控与信息服务系统，以及通信、供电等配套系统来对工程进行安全防护的。系统建设区域范围包括整个南水北调中线干线全线工程范围以及相应的各级管理机构。实现了技防、物防、人防相结合，为南水北调中线工程安全、供水安全和人身安全提供全支撑。

3.4 安全监测管理系统

安全监测管理系统通过 MCU 实现水闸、渡槽、倒虹吸、隧洞及有压管道、穿黄工程、泵站、特殊渠段等的位移、渗流、结构等数据的监测；进行覆盖总公司、各分公司、各管理处的安全监测应用系统建设，通过数据采集软件并开发相应的分析处理软件实现监测信息管理、在线综合分析、离线综合分析、综合查询、报表制作等功能。

3.5 工程防洪管理系统

工程防洪管理系统主要包括 386 座左排倒虹吸或涵洞水位自动监测站，65 座节制闸雨量、温湿度自动监测站，是由数据接收处理系统、卫星主站系统、工程防洪数据库、信息接收处理子系统、信息服务与监视子系统、预警子系统、防洪应急响应子系统、防洪组织管理子系统等系统集成的。实现防洪信息接收处理、信息服务及监视、洪水预警、防洪应急响应、防洪组织管理等，提高防洪信息综合处理能力，为安全调水提供信息支持。

3.6 水质监测系统

水质监测系统是由 4 个固定实验室、11 个自动监测站、2 个移动实验室组成的以人工采集为主、自动采集与移动采集相结合的水质信息采集系统；是集合了水质监测数据管理、水质站网管理、水质分析评价、水质监测资料整理汇编、水质预测预报、水质信息查询、水质会商支持、水质信息发布等主要功能的水质应用系统。

3.7 工程档案管理系统

工程档案管理系统结合了档案管理的业务需求，以数据获取和资源整合为基础，以提高管理效率和管理水平为目标，建立的工程档案管理系统，最终实现南水北调中线干线档案管理的信息化、数字化、自动化、网络化。充分发挥凭证中心、工程运维、外部审计等重大作用，为建成技术领先的数字档案馆提供软硬件支持。

3.8 会商支持系统

构建以总公司为主的决策会商支持系统，为领导和专家会商重要议题提供信息支持；对各种紧急事件进行综合分析，编制应急响应预案，实现与应急响应密切相关的预案数字化管理，在应急事件发生时，基于数字化预案支持应急指挥。

3.9 异地视频会议系统

视频会议系统为南水北调自动化调度系统提供异地视频会商、远程可视技术交流、方案讨论、远程教学等多种多媒体服务，从而可进一步提高南水北调中线干线工程运行管理工作的信息化水平和效率。南水北调运行管理的重大工作决策和自动化调度系统的一些重要应用系统都需要异地视频会议系统快捷、方便和功能强大的异地视频通信的支持。

3.10 三维展示系统（数字中线系统）

三维仿真系统运用空间高新科技手段，获取中线干线工程全线 1∶5000 基础空间地理数据（数字高程模型 DEM、数字正射影像 DOM），设计制作中线工程现地站内控制闸站及相关输水建筑物三维模型，形成中线干线工程全线基础信息资源数据库，同时基于地理信息系统技术、遥感技术、三维技术、数字模拟技术，建设基础信息资源管理系统，建立网络三维空间信息平台，构建统一的中线工程基础信息管理与三维服务。

4 应用支撑平台

4.1 应用支撑平台

应用支撑平台是自动化调度系统的重要应用基础，承担着汇聚管理资源、支撑应用、保障系统规范开放，进而保障系统长期可持续运行的任务，对整个系统功能实现、稳定性、可扩展性等方面起着至关重要的作用[5]。应用支撑平台（图2）由应用组件、公共服务、应用交互、基础支撑等4部分组成。

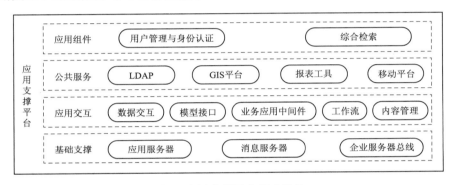

图 2　应用支撑平台组成结构

（1）基础支撑。基础支撑包括 J2EE 应用服务器、门户服务器、ESB 中间件、消息中间件等通用商业软件，是整个系统的开发运行环境。

（2）应用交互。应用交互提供应用系统间数据、流程的交互服务，包括数据交换服务、工作流引擎、门户集成、内容管理、业务模型接口组织、业务应用中间件组织等。

（3）公共服务。公共服务包括报表、GIS 平台、LDAP 目录服务器、移动办公平台等各应用系统共用的商业软件产品。

（4）应用组件。应用组件提供统一用户管理、统一身份认证、综合检索等功能。

4.2 数据存储与管理系统

通过建设数据中心和数据分中心数据存储平台以及各数据存储平台的本地备份系统和异地容灾系统，建立完善的网络数据存储与管理体系以及完备的数据备份机制，实现高性能的数据存储管理功能，提高数据管理效率和安全，降低管理成本；通过建设水量调度数据库、闸站控制数据库、工程安全与管理数据库、水质数据库、工程防洪数据库、闸站视频监视数据库、三维仿真数据库等专业数据库以及综合办公综合数据库，以及空间地理信息数据库、社会经济数据库、公共基础信息数据库等基础数据库和元数据库，建立覆盖整个工程的分布式数据库管理系统和数据更新机制，保证数据的完整性和一致性。

5 通信系统和计算机网络系统

5.1 通信系统

通信系统作为整个自动化调度系统最为重要的基础设施，负责中线干线工程各级管理机构之间及管理机构与现地闸站之间的语音、数据、图像等各种信息的传递，为生产运营管理、工程维护管理、水资源调度、综合办公等提供通信服务。总公司为整个工程的通信中心，各分公司为通信分中心，各管理处为本处所辖段内语音、数据、图像及管理等信息的处理中心，各现地站设置有各类语音、数据、图像通信终端设备，全线共设置 310 个通信站点。通信系统分为光缆、通信系统、通信传输设备、通信电源设备、程控交换设备、通信综合网管、通信电源监控系统等。

5.2 计算机网络系统

计算机网络系统采用以高速路由器以及高性能三层交换机为核心的组网技术，建设覆盖总公司、各分公司、各管理处、各现地站的包括控制专网、业务内网和业务外网的广域网络，以及覆盖总公司、各分公司、各管理处的局域网络；实现了网内设备时间同步、网元级网管、网络级网管、运维管理等功能；建立了包括计算机病毒防范制度、数据保密及数据备份制度在内的网络管理体系；建立了包括访问控制、边界防护、主机防护、网段隔离、认证授权、入侵检测、漏洞扫描、网站防篡改、终端集中管理、病毒防范、安全管理平台等的安全防护体系，提供可靠网络防范措施和解决手段。

6 总结

南水北调中线干线工程自动化调度与运行管理决策支持系统提升了工程管理的现代化水平，促进了调水工程自动化调度工作的流程化、规范化建设，保障了工程运行安全可靠，保证了调水的精确准确，提高了工程的节水效率，促进了南水北调工程社会效益和经济效益更好地发挥，对国内外调水工程信息化、自动化调度具有重要的借鉴意义。

参考文献

[1] 王春娇. 我国水利信息化建设的初步思考 [J]. 江西建材，2020（10）：254 - 257.
[2] 姚卓阳，曾春芬，等. 基于信息技术的通用水资源联合调度系统开发及应用：以南水北调东线江苏段为例 [J]. 水利水电技术，2018，11（49）：30 - 37.
[3] 史小梅. 泵站调度自动化建设与运行管理对策 [J]. 农业科技与信息，2020（24）：123 - 124.
[4] 诸葛梅君，陶付领. 南水北调中线干线工程智能安防系统研究与设计 [J]. 人民黄河，2020，42（12）：120 - 122.
[5] 周辉，宋超. 智慧水利一张图与共享服务平台构建探索 [J]. 水利信息化，2020，12（6）：8 - 11.

"互联网＋"时代下引调水工程智慧化建设探讨

张健峰

（水利部南水北调规划设计管理局，北京 100038）

摘 要：引调水工程在建设和运行管理中涉及的水务信息数据繁杂，技术因素相对较多，传统的公务办理方式效率相对落后，随着"互联网＋"时代的来临，新兴的人工智能、大数据、物联网、云计算等信息技术逐渐被应用到引调水工程中，有助于提升引调水工程建设和管理工作效率，增强决策的科学性、合理性，促进引调水工程的智慧化发展。本文从智慧化引调水工程的特征、目标和存在的问题三个方面进行阐述，让"互联网＋"时代的新兴技术为新时代引调水工程高质量发展、建设智慧化引调水工程提供坚实的技术保障。

关键词：智慧化引调水工程；互联网＋；引调水工程

1 引言

"互联网＋"是把创新型的互联网技术融入社会传统的经济生产活动中去，利用互联网平台具备的技术优势，对传统工业进行转型升级，推动传统工业实现技术进步、效率提升和组织变革，使传统工业顺应社会发展，提升传统工业的生产力、创新力和竞争力，从而推动传统工业整体向前发展[1]。

2018 年 6 月，水利部部长鄂竟平在水利网信工作会议上提出水利网信发展"安全、实用"总要求；2019 年 1 月，全国水利工作会议明确提出了"水利工程补短板、水利行业强监管"的水利改革发展总基调，要求尽快补齐信息化短板[2]，在水利信息化建设上提档升级，做好水利业务需求分析，抓好智慧水利顶层设计，构建安全实用、智慧高效的水利信息大系统，实现以水利信息化驱动水利现代化。2019 年 7 月，水利部印发了加快推进智慧水利的指导意见和智慧水利总体方案的通知，明确了今后一个时期内智慧水利的总体要求和主要任务，为水利事业智慧化建设与发展指明了方向。

引调水事业在"十四五"时期将步入新发展阶段，传统的水利管理模式已经很难满足新时代国家对水利事业发展提出的智慧化管理要求，构建水利工业互联网、发挥工程信息化在引调水工程施工和运行管理中的重要作用，能够显著提升现代引调水工程的智慧化水平，优化管理模式，进一步带动我国水利事业全面发展。为推动"十四五"

作者简介：张健峰（1997— ），男，毕业于华北电力大学，大学本科学历，大学所学专业为水利水电工程，2020 年 9 月参加工作，助理工程师，水利部南水北调规划设计管理局，现从事南水北调工程档案管理相关工作，13718107762@163.com。

时期水利事业高质量发展，补齐水利事业信息化的短板，本文对引调水工程智慧化建设进行探讨。

2 引调水工程智慧化的主要特征

2.1 基础数据实时感知

精准细化的基础水务信息数据是实现调水工程智慧化的基础，实时准确的水务信息数据感知是智慧化调水工程的"五官"，智慧化调水工程对数字技术的应用提出了更高标准的要求，不仅要应用以往的监测手段，还要应用多种新兴技术，如无人机技术、物联网技术、遥感、全景摄像头等监测技术手段和 5G、微波等传输技术手段，全方位提升工程感知终端，达到全面、完整、快捷地采集水务信息的目的。同时，水利工作人员还应对水利行业的特征指标和各行业数据进行定制采集，从工程施工到运行管理实现全面监测，从而搭建出一个完备的基础数据感知系统。

2.2 水务信息整合互联

在构建完备的基础数据感知体系的基础上，建立引调水工程大数据库，利用计算机网络信息技术将水利信息数据有机融合，通过各种先进的通信技术，如卫星通信、5G 等技术实现承建单位、工程管理单位、个体工作人员之间全面互联互通。

2.3 协同处理智慧决策

智慧化引调水工程要求搭建全方位信息处理平台，通过流域模拟仿真和建筑信息模型等技术手段将采集的数据具体输出为图像、视频或文字。引调水智慧化信息处理平台应实现相关单位对每一个水务信息数据的协同处理，承建单位、管理单位等不同部门甚至不同系统之间信息共享，协调合作，提升态势感知，优化决策分析，实现联动指挥，显著提升引调水工程决策的科学性和合理性。

3 引调水工程智慧化建设的主要任务

引调水工程智慧化建设的主要任务是在引调水工程建设和运行管理中充分利用大数据、人工智能、云计算、流域仿真模拟等技术，精准全面地采集水务信息数据，加速水务领域信息数据融合，以感知层、连接层、决策层的建设模式，实现资源集约利用，从工程施工到运行管理提升引调水工程全阶段的信息化和智慧化水平，全方面提升引调水工程建设和运行管理效率。最终实现水利要素全面采集、数据信息全面融合、管理行为全面智能的智慧化引调水工程建设目标。

3.1 建设准确透彻的智能感知体系

在引调水工程建设中，数据是引调水工程建设施工和运行管理的基础，也是引调水工程智慧化建设的第一步。智慧化感知体系除了应用传统的监测手段之外，还需要应用各种新兴技术手段，如无人机、卫星遥感、建筑信息模型、视频等，实时监控工程施工、工程所在流域、工程运行管理过程。加强无人机、卫星遥感、智能传感器等多种先进监测手段在感知端的应用，实现全天候感知、全业务覆盖、全过程监测，达到智能化、无人化监测水平。为决策层提供水务信息数据支撑，为顶层决策的科学性、合理性打下坚实基础。

3.2　建设稳定高速的互联互通网络

为了实现水务信息高效、快速、准确的传输，应构建一套链接承建单位、管理单位的计算机网络体系。该计算机网络体系主要分为业务控制网、业务内网和业务外网三个部分。业务控制网应深度结合引调水工程建设和管理实际情况，针对引调水工程数据量大、涵盖数据繁多的特点，实时感知和传输引调水工程建设过程中需要的大量数据，通过这种方式，对引调水工程实施监控，并与各部门建立联系。业务内网的主要功能是实现上传和交换引调水工程在工程建设和运行管理所需要的各种信息和数据，实现全面互联互通。同时还应建设业务外网，将引调水工程相关单位与国土资源、农业、供水、气象等部门连接联通起来，将准确完善引调水工程信息数据做到信息共享，使不同部门之间的沟通更加顺畅、快捷，协同工作更加高效。同时，引调水工程信息化还必须成立安全管理部门，通过定制安全网络保障系统保护工作网络不受干扰，关键水务信息数据不被窃取，确保引调水工程的信息数据安全。

3.3　建设数据整合智慧决策平台

智慧决策平台依托感知层和连接层，将大量水务信息数据通过高速的互联互通网络汇总整合，构建一个引调水工程信息云平台，该平台要实现数据传输、数据存储处理、数据应用服务三个方面的功能。

首先，应建立引调水工程大数据中心。依靠智能化、多样化的感知终端，全方位汇总引调水工程的水文、气象、水务工程数据、地理环境信息等信息数据，制定统一的工程数据标准，从而搭建一个全方位涵盖的专业大数据库。同时依靠云计算等先进技术手段，对集中存储的水务信息数据进行集中处理、集中管理和集中使用，建立一个一体化、集约化的引调水工程大数据中心。

其次，依托引调水工程大数据中心，针对引调水工程建设施工和运行管理需求，大力推进智能应用平台建设，相关从业人员要积极应用移动互联网技术，聚焦工程建设管理、智能施工、水利工程建筑物监测、水情监测、水量调度等业务需求，基于统一标准、模式创新、流程优化等手段降低开发成本，屏蔽复杂程序，统一调用引调水工程大数据信息库，构建一个包括建设、管理、调度、应急抢险指挥的智能决策平台，同时还应结合5G通信技术针对智能手机等移动终端搭建智能办公网络，实现智能决策平台的移动化。

4　引调水工程智慧化面临的问题

4.1　感知技术水平不高

目前人工智能、云计算等技术手段在感知领域的应用越来越广泛，例如水位、流速等基础水情监测可以通过传感器感知和摄像头利用AI、大数据和云计算进行实时监测和数据收集，实现无人化值守。但是大多数引调水工程的感知设备自动化程度不高、精准度不够，不同的引调水工程之间的感知技术水平参差不齐，一旦构建引调水工程大数据中心，不同的、良莠不齐的基础感知设备将成为阻碍[3]。

4.2　互联互通网络差距大

互联互通网络主要体现在网络基础设施建设相对落后，水利系统网络带宽一般为8～10Mb/s，由于网络带宽的限制，引调水工程大量的水务信息数据无法及时传输[4]。

其次引调水工程内部信息共享不足，内部的各专业相关部门的水务信息数据还不能做到部门间共享。

4.3 智慧化平台应用建设不足

引调水工程刚刚步入智慧化阶段，人工智能、大数据、云计算等先进的技术手段在平台决策层还未得到广泛应用，平台应用建设智慧化功能不足，便利性和针对性不足。

4.4 各部门的认识不到位

很多基层部门对于智慧化引调水工程建设存在畏难情绪，不愿了解新兴技术，对于智慧化引调水工程的目标和建设手段不了解、不确定[5]。

5 结语

充分发挥人工智能、大数据、云计算等现代信息技术在引调水工程中的应用是实现引调水工程智慧化的重要举措，但本质还是以引调水工程为主体，坚持问题导向，利用新时代的信息技术更好地满足引调水工程的建设和运行管理需求，促进水利事业高质量发展，为补齐新时代水利事业信息化短板提供坚实的保障。

参考文献

[1] 蔡阳. 智慧水利建设现状分析与发展思考 [J]. 水利信息化，2018 (4)：1-6.
[2] 张建新，蔡阳. 水利感知网顶层设计与思考 [J]. 水利信息化，2019 (4)：1-5.
[3] 蔡阳. 水利信息化"十三五"发展应着力解决的几个问题 [J]. 水利信息化，2016 (1)：1-5.
[4] 中华人民共和国水利部. 水利信息化资源整合共享顶层设计 [R]. 北京：水利部信息化工作领导小组办公室，2015：3-5.
[5] 代红波，刘涵. 引调水工程智慧化建设探讨 [J]. 云南水力发电，2020 (8)：235-238.

蒙开个地区河库连通工程泵站机组优化组合研究

吴　巍[1,2,3]　王高旭[1,3]　吴永祥[1,3]　张　轩[1]　许　怡[1]

(1. 南京水利科学研究院水文水资源与水利工程科学国家重点实验室，南京　210029；

2. 河海大学水文水资源学院，南京　210098；

3. 长江保护与绿色发展研究院，南京　210098)

摘　要：蒙开个地区河库连通工程是滇南中心城市重要水源工程，包含南洞一级泵站、南洞二级泵站和长桥海泵站，研究泵站机组优化组合是降低泵站运行能耗的重要手段。本文以泵站耗能最小为目标，分别构建了三座泵站的水泵机组优化组合模型。考虑到遗传算法处理总流量等式约束的难点，提出了基于最少开机台数策略和等微增率策略的初始解生成策略。研究结果表明：机组增开、小流量运行是泵站能耗增加的关键因素，改进的遗传算法初始解生成策略能够较好地控制优化过程遵循泵站最少开机原则，避免水泵小流量运行。最终给出了三座泵站在不同流量下的水泵最优流量分配结果，能够为蒙开个地区河库连通工程泵站经济运行提供支撑。

关键词：蒙开个地区；泵站；机组组合；遗传算法；初始解

1　引言

蒙开个地区水资源时间分布不均，降水大多集中在汛期，部分地区常年处于较干旱的状态，春季和夏初降水量常常无法满足农业的需求。该地区水资源开发利用水平较低，缺乏对天然径流的控制调蓄能力，需要通过梯级泵站引调水对水资源进行区域间重新分配。泵站工作运行能耗较大，低效运行进一步增加了运行成本。为了提高泵站运行效率，实现经济高效运行，研究蒙开个地区泵站机组优化组合是十分必要的。

相关学者对泵站机组优化组合进行了大量研究。骆辛磊[1]以能耗最小为目标建立了农田排灌系统运行调度数学模型。汪安南等[2]以泵站运行成本费用最小为目标，建立了大型轴流泵泵站运行模型，并采用动态规划法进行求解分析。吴建华等[3]主要以节能为目的，建立了泵站运行能耗量最低的机组优化组合模型，将流量以最优化分配给泵站各个机组，并在抽黄泵站进行应用，能够较好地降低泵站能耗。刘家春等[4]结合轴流泵站运

基金项目：国家重点研发计划课题（2022YFC3204603）；国家自然科学基金（52009080）；蒙开个地区河库连通工程梯级泵站运行调度研究科技项目（MKG［2021］-KYKT-01）。

作者简介：吴巍（1991—　），男，硕士，工程师，主要从事水资源调度、水利信息化方面研究，wwu@nhri.cn。

通信作者：王高旭（1979—　），男，正高级工程师，博士，研究方向为水资源管理、水资源配置、水利信息化。

E-mail：gxwang@nhri.cn。

行特点，建立了泵站经济运行模型，推求了泵站的最优运行方案。冯平等[5] 建立了总能耗量最小的尔王庄泵站优化模型，采用非线性优化方法求解。陈守伦等[6] 提出基于固定日抽水用量的总抽水费用最小的泵站优化运行模型，采用动态规划法求解了总抽水量在各时段和各机组的分配方案。徐青等[7] 结合水泵实际性能与设计值存在的差异，以运行能耗最低为目标，采用基于模糊一致矩阵的决策方案优选开机顺序。程吉林等[8] 以实现耗电量最小为目标建立了叶片可调单机组的日运行优化数学模型，应用动态规划法求解江都泵站的单机组优化运行结果。

在模型求解方面，随着科技的进步，人工智能算法日益完善，越来越多地用于求解泵站优化调度。Bagley[9] 在博士期间首次提出了遗传算法并研究其应用，发展了很多遗传算子。应用领域也扩展到了许多工程系统的优化中，逐渐成为跨学科研究与应用的学科领域。杨鹏等[10] 利用遗传算法求解泵站机组组合优化，进行了泰州引江河高港泵站实例研究。王毅等[11] 改进了遗传算法，并求解了以总输入功率最小为目标的并联运行机组数学模型。吴凤燕等[12] 提出将 RosenBrock 方法引入遗传算法中，求解了以轴功率最小为目标的白公祠水厂取水泵站优化运行模型。冯晓莉等[13] 考虑分时电价的影响，以日耗电量最低为目标，建立了江都排灌站优化运行模型，约束条件经过退火算法处理后，采用遗传算法进行了求解。

2 蒙开个地区河库连通工程泵站机组组合优化模型

蒙开个地区河库连通工程是滇南中心城市水资源优化配置、统一调度的重点工程。工程从开远市南洞河取水，地跨开远、个旧、蒙自三市，经两级泵站提水至长桥海泵站，其后一岔分水至长桥海水库，一岔经三级泵站提水至小东山水厂及四通水厂，调水线路全线总长 51.9km，包括 3 座泵站，即南洞一级泵站、南洞二级泵站和长桥海泵站。

2.1 决策变量

泵站机组组合优化的决策变量为泵站内各机组分配的流量，决策变量为：$Q_1,\cdots,Q_i,\cdots,Q_n$。其中，$Q_i$ 为第 i 台机组流量；n 为机组总数。南洞一级泵站有 6 台水泵，南洞二级泵站有 6 台水泵，长桥海泵站有 2 台水泵。

2.2 目标函数

以泵站系统各水泵机组总功率最小作为评价指标：

$$N = \min \sum_{i=1}^{n} \frac{\gamma Q_i H_i}{\eta_i} \tag{1}$$

式中：N 为泵站总功率；γ 为水的容重；Q_i 为第 i 台机组的流量；H_i 为第 i 台机组抽水扬程；η_i 为第 i 台机组在扬程为 H_i 流量为 Q_i 下的水泵效率；n 为泵站开机台数。

通常泵站运行特性曲线中会包括 N-Q 曲线，N-Q 曲线表示水泵的流量 Q 和功率 N 的关系，N 随 Q 的增大而增大。在额定转速下，目标函数形式如下：

$$N = \min \sum_{i=1}^{n} f(Q_i) \tag{2}$$

式中：$f(Q_i)$ 为泵站机组额定转速下的 N-Q 曲线。

南洞一级泵站水泵型号均为 GS700 - 13M＋/6，南洞二级泵站水泵型号均为 RDLO400 - 880A2，长桥海泵站水泵型号均为 RDLO400 - 665A。

2.3 约束条件

（1）泵站总流量约束。各台水泵机组的抽流量之和应当等于泵站总提水流量，即

$$Q = \sum_{i=1}^{n} Q_i \tag{3}$$

式中：Q 为泵站总提水流量；Q_i 为各台水泵的提水流量；n 为泵站的运行机组数。

（2）水泵流量约束：

$$0 \leqslant Q_i \leqslant Q_{i\max} \tag{4}$$

式中：Q_i 为第 i 台水泵的提水流量；$Q_{i\max}$ 为第 i 台水泵的最大提水流量。

3 基于改进遗传算法的求解方法

3.1 遗传算法简介

遗传算法是一种概论搜索算法，特点是自适应全局优化，其形成是基于生物在自然环境中的遗传和进化过程。遗传算法完成对问题最优解的搜索过程，是通过对生物遗传进化过程中选择、交叉、变异机理的模仿来进行的。遗传算法通用性强，可操作性良好，使用简单，能够较好地寻求全局最优解，对于泵站机组组合优化问题有很好的适用性。

遗传算法的主要流程如下：

（1）个体编码。将泵站内各水泵流量组成的决策变量进行编码，转换成遗传算法中表示个体的字符串，主要有二进制编码、格雷码编码和实数编码等编码方法。

（2）初始群体生成。初始化种群规模以及种群中的各个个体，即泵站内各水泵流量组成的决策变量，通常采用随机策略。

（3）适应度计算。个体适应度是评定个体优劣程度的指标，依据个体适应度决定进化方向。适应度根据目标函数值按照适应度计算规则获得，本文直接以目标函数泵站总能耗作为适应度函数。

（4）选择运算。把当前群体中适应度较高的个体遗传到下一代群体中。一般要求适应度较高的个体将更有机会遗传到下一代群体中。最常用的选择方法主要有轮盘赌选择法、随机遍历抽样法、锦标赛选择法。

（5）交叉运算。将某两个个体之间的一部分染色体以某一概率相互交换产生新个体。针对不同的编码方式对应有不同的重组方式。二进制编码通常采用单点交叉、多点交叉；实数编码通常采用离散重组、中间重组和模拟二进制交叉。

（6）变异运算。在交叉操作形成的新个体中，基于变异概率进行变异运算。常用方法包括基本位变异、均匀变异和边界变异等。

3.2 初始解生成策略改进

遗传算法初始解通常采用随机生成策略，可以提高算法的寻优随机性。但在机组组合优化问题中存在等式约束，造成大量随机生成的初始解不可行，增加了算法的搜索时间，更有甚者会导致搜索不到可行解，因此针对机组组合优化问题特性，对遗传算法的初始解生成策略进行改进。

（1）最少开机台数策略。当机组带小流量运行时，能耗仍然处于高水平，表明流量为 0 和小流量能耗存在突变，最少开机台数能够有效避免机组小流量运行导致泵站总功耗升

高的情况，也较为符合泵站运行规则。

$$m = \left\lceil \frac{Q}{Q_{i\max}} \right\rceil \qquad (5)$$

式中：$\lceil \cdot \rceil$ 表示向上取整；m 为最少开机台数。

（2）等微增率策略。等微增率准则是电力系统中的一个优化准则，指的是电力系统的机组组合按相等的耗量微增率经济运行时能源损耗最小。等微增率原则同样适用于泵站机组组合，由于蒙开个地区河库连通工程每个泵站内水泵型号一致，结合最少开机台数策略，等微增率原则简化为在最少开机台数内平均分配流量。

3.3 求解流程

蒙开个地区河库连通工程机组优化组合模型求解流程在遗传算法流程的基础上结合初始解生成策略，具体求解流程如图 1 所示。

4 机组优化组合结果

在编码环节，由于决策变量为连续变量，为保证优化进度采用实数编码。初始解生成结合最少开机台数策略和等微增率策略，提高初始解中可行解的比例，避免出现搜索不到可行解的情况。适应度计算则采用目标函数，利用 N-Q 曲线求解某个流量对应的功耗值，并根据泵站总功耗进行遗传算法算子操作。选择运算采用最常用的轮盘赌选择法选择算子，交叉运算采用模拟二进制交叉，交叉概率选择 0.7。变异

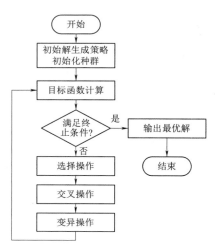

图 1　改进遗传算法求解流程

方法采用基本位变异算子，变异概率为 0.5。依次对南洞一级泵站、南洞二级泵站以及长桥海泵站进行机组组合优化实例计算，形成了各泵站最优流量分配表。

南洞一级泵站 6 台机组、南洞二级泵站 6 台机组、长桥海泵站 2 台机组的最大提水流量均为 $1\text{m}^3/\text{s}$，由于泵站内机组型号相同，不区分机组开机顺序，机组优化组合结果如图 2～图 4 所示。可以看出，当总流量位于开机临界点时，总功率会存在跳变。当南洞一级泵站总流量从 $1\text{m}^3/\text{s}$ 增加到 $1.1\text{m}^3/\text{s}$、$2\text{m}^3/\text{s}$ 增加到 $2.1\text{m}^3/\text{s}$、$3\text{m}^3/\text{s}$ 增加到 $3.1\text{m}^3/\text{s}$、$4\text{m}^3/\text{s}$ 增加到 $4.1\text{m}^3/\text{s}$、$5\text{m}^3/\text{s}$ 增加到 $5.1\text{m}^3/\text{s}$ 时，都需要增开一台机组，总功率从 673.44kW 增加到了 1071.43kW，1346.88kW 增加到 1745.96kW，2020.32kW 增加到了 2420.8kW，2693.76kW 增加到了 3095.42kW，3367.2kW 增加到了 3766.87kW，增幅都超过了 300kW。无需增开机组时，总流量每增加 $0.1\text{m}^3/\text{s}$ 总功率增幅近在 30kW 左右。南洞二级泵站需增开机组时，由于南洞二级泵站水泵特性，其总功率变幅远大于一级泵站，总功率变幅均超过了 1000kW。无需增加机组时，总流量每增加 $0.1\text{m}^3/\text{s}$ 总功率增幅均在 200kW 左右。长桥海泵站需增开机组时，总功率变幅均超过了 800kW，无需增加机组时，总流量每增加 $0.1\text{m}^3/\text{s}$ 总功率增幅均在 100kW 左右。可以看出机组增开对泵站总功耗影响较大，优化结果表明最少开机台数策略能够保证优化算法优化结果遵循少开机原则。此外，可以看出三个泵站优化结果偏向于不带小流量运行，以南洞一级泵站为例，除

了 $0.1 \sim 0.4 \mathrm{m}^3/\mathrm{s}$ 外，水泵分配最小流量为 $0.48 \mathrm{m}^3/\mathrm{s}$，当总流量为 $2.2 \mathrm{m}^3/\mathrm{s}$ 时，三台水泵分配流量分布为 $0.98 \mathrm{m}^3/\mathrm{s}$、$0.74 \mathrm{m}^3/\mathrm{s}$ 和 $0.48 \mathrm{m}^3/\mathrm{s}$，而不是尽量让前两台水泵带满，剩下小流量留给最后一台机组。这是因为水泵小流量运行效率较低，优化结果会尽量避免小流量运行的情况。

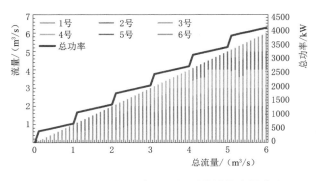

彩图

图 2　南洞一级泵站最优流量分配

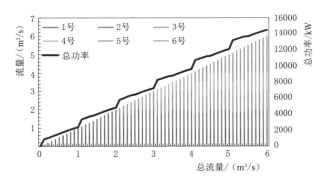

彩图

图 3　南洞二级泵站最优流量分配

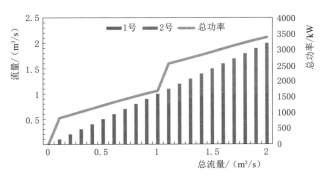

彩图

图 4　长桥海泵站最优流量分配

5　结论

结合蒙开个地区河库连通工程泵站水泵特性，构建了南洞一级泵站、南洞二级泵站、长桥海泵站的水泵机组优化组合模型。考虑到总流量等式约束特性，提出了最少开机台数策略和等微增率策略的初始解生成策略，替代了遗传算法的初始解随机生成策略，提升了初始解中可行解数量，解决了等式约束下遗传算法无法搜索到可行解的难点。基于改进遗传算法的优化结果表明：机组增开对泵站总功耗影响较大，泵站总功率变幅增大，最少开机台数策略能够较好地控制遗传算法优化过程遵循最少开机原则；水泵小流量运行能效比较低，应尽量避免小流量运行，等微增率策略能够较好地避免优化结果出现水泵小流量运行情况。泵站总功耗在不同的水泵组合时差异较大，通过改进的遗传算法寻求不同流量下泵站机组最优组合，对蒙开个地区河库连通工程泵站经济运行具有一定的支撑作用。

参考文献

［1］ 骆辛磊. 机电排灌"最小功"探讨［J］. 水利学报，1987 (7)：10 - 19.

［2］ 汪安南，伍杰. 大型轴流泵站最优运行方式探讨［J］. 农田水利与小水电，1993 (11)：36 - 38.

［3］ 吴建华，郭天恩，王文龙. 泵站最优流量分配的节能研究［J］. 节能技术，1996 (4)：20 - 21.

［4］ 刘家春，张子贤，张慕飞，等. 轴流泵站经济运行方案的确定［J］. 排灌机械，2006 (6)：20 - 23.

［5］ 冯平，胡明罡，刘尚为，等. 引滦入津引供水枢纽泵站机组的优化调度［J］. 水力发电学报，2001 (4)：90 - 95.

［6］ 陈守伦，芮钧，徐青，等. 泵站日优化运行调度研究［J］. 水电能源科学，2003 (3)：82 - 83.

［7］ 徐青，金明宇，吴玉明. 泵站经济运行中机组投入顺序的模糊优选［J］. 中国农村水利水电，2004 (9)：95 - 97.

［8］ 程吉林，张礼华，张仁田，等. 泵站叶片可调单机组日运行优化方法研究［J］. 水利学报，2010，41 (4)：499 - 504.

［9］ Bagley J D. The behavior of adaptive systems which employ genetic and correlation algorithms［D］. Michigan：University of Michigan，1967.

［10］ 杨鹏，纪晓华，史旺旺. 基于遗传算法的泵站优化调度［J］. 扬州大学学报（自然科学版），2001 (3)：72 - 74.

［11］ 王毅，曹树良. 遗传算法在并联水泵系统运行优化中的应用［J］. 流体机械，2003 (10)：22 - 25.

［12］ 吴凤燕，张雷，刘冬梅. 混合遗传算法在泵站优化运行中的应用［J］. 水泵技术，2004 (6)：32 - 36.

［13］ 冯晓莉，仇宝云，黄海田，等. 南水北调东线江都排灌站优化运行研究［J］. 水力发电学报，2008 (4)：130 - 134.

南水北调中线工程智慧调度管理平台研发及应用

张　召[1]　雷晓辉[1]　朱　杰[2]　李月强[3]

(1. 中国水利水电科学研究院，北京　100038；
2. 北京工业大学，北京　100022；3. 河海大学，南京　210098)

摘　要： 大型明渠调水工程的调度管理水平对系统的运行安全和输水效率至关重要。以南水北调中线工程为研究对象，深入分析了中线工程调度管理的难点，梳理了工程自动化调度管理的发展历程。在此基础上，结合各级调度机构的业务需求，研发了功能实用、反馈高效、计算准确、调度智能的南水北调中线智慧调度管理平台，使得调控的效率、精度和可靠性都得到了显著提高。

关键词： 调水工程；南水北调中线工程；智慧调度；管控平台

1　引言

调水工程是解决水资源短缺，实现水资源优化配置的有效途径[1]。兴建调水工程具有悠久的历史，截至目前，至少有 40 个国家共建成了 350 多项长距离调水工程[2]。其中，我国修建了南水北调、引滦入津等 24 项重要的长距离调水工程，用于优化水资源配置、改善生态环境、促进社会经济可持续发展。以南水北调中线工程（以下简称中线工程）为例，自 2014 年 12 月全线通水至今，工程的累计输水量超 586 亿 m³。随着中线供水量的逐年增加，南水北调水逐渐成为了沿线城市的主力水源。例如，南水北调水已达到北京城区供水量的七成以上。同时，截至目前，南水北调中线累计向北方 50 多条河流进行生态补水 89.54 亿 m³，发挥了显著的生态效益。

中线工程的调度管理难度极大，主要表现在工程管理、业务管理、人员管理三个方面。中线总干渠全长 1432km，沿线共布置各类建筑物近 2400 座。其中，具有调节能力的建筑物有 270 多座，包括 64 座节制闸、97 座分水口、54 座退水闸、61 座控制闸[3-4]。为保障工程安全、实现高效调水，中线设置了三级调度机构，负责全线各闸站的日常调控。三级调度机构分为 1 个总调中心、5 个分调中心、47 个现地管理处。总调中心负责编制供水计划、分析沿线水情、下达调度指令并远程操控闸门；分调中心负责复合分析辖区水情、转达调度指令；现地管理处负责水量计量确认、水情实时监测、跟踪闸门动作并反馈，以及特殊情况下现地闸门的操作。现阶段，中线的调度值班采用五班两倒的值班方式，总调中心每班 4 人，分调中心每班 2 人，各中控室每班 2 人，全线专职调度人员累计

基金项目：水体污染控制与治理科技重大专项（2017ZX07108-001）。

作者简介：张召（1992— ），男，博士研究生，工程师，研究方向为计算水力学，360422948@qq.com。

超过 500 人。因此，需要深入分析调水业务的全部流程，充分利用计算机技术和模块化思想，建立智慧调度管理平台，以降低工作人员劳动强度，提高工程的调度管理水平。

2 中线工程自动化调度管理发展历程

中线工程运行初期，调度过程的人工依赖性很强，调度人员工作效率低、劳动强度大。水情数据采集需由现地工作人员到现场读取；水情、工情、调令等信息在三级调度机构之间的传输过程均通过电话完成；各类数据均在纸质台账上记录。

2014 年，闸站监控系统在全线范围内投入运行，闸门开度、水位、流量等关键水情数据的采集均通过该系统完成；现地调度人员需要到现场读取水尺、开度尺用于闸控数据的核对。

2016 年，视频监控系统投入使用，现地调度人员可直接从视频系统中读取水尺、开度尺刻度，仅需要偶尔到现场查看各类设备的运行情况。同年，为了及时、批量上传水情数据，全线部署了 OA（office automation）系统。现地管理处使用 OA 系统上传水情数据到分调中心，分调中心通过邮件上传水情数据到总调中心。

上述业务系统为中线工程的自动化调度管理奠定了坚实基础，进一步降低了调度人员工作强度。2018 年日常调度管理系统正式投入使用，并朝着智慧调度管理平台不断发展完善。借助于该平台，调度人员读取、记录、电话报送数据、指令等体力工作逐步转换为对水情数据的分析与审核，调度效率明显提高。

3 中线工程智慧调度管理平台

3.1 功能模块简介

在深入调研中线工程调度管理需求的基础上，针对传统调度模式调度人员劳动强度大、工作效率低且工程管理水平落后的问题，研发了南水北调中线智慧调度管理平台。该平台共包含十个功能模块，如图 1 所示，前七个模块用于无纸化办公，后三个模块用于自动化调度。各模块主要功能简要介绍如下：

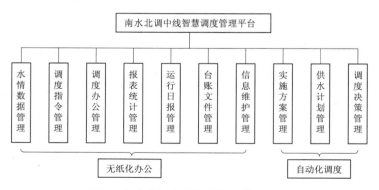

图 1　南水北调中线智慧调度管理平台

（1）水情数据管理。该模块主要展示沿线各座节制闸和分水口水情数据信息的时间、空间分布情况。由于要及时关注沿线水情的发展变化，故节制闸水情状态的时间分布是平台的默认界面。

（2）调度指令管理。该模块取代了"纸质草拟—电话下发—电话反馈"的低效模式，能够实时显示节制闸控制指令的下发、执行和反馈情况，包括调令生成和调度操作两部分。

（3）调度办公管理。该模块服务于调度人员的日常值班考勤，包括值班计划下发、值班员签入签出、考勤情况统计、值班变更等功能。

（4）报表统计管理。该模块实时显示全线数据的采集和人工干预情况，同时可查看全线各级管理机构的实际值班情况、异常签入签出情况、违规操作情况。

（5）运行日报管理。该模块能够一键生成工作日报和各类报表，并自动抄送给相关单位。同时，能够结合日报和报表的重点信息，自动生成指定格式和内容的短信，并发送给特定人员。

（6）台账文件管理。该模块可将各类文件存储到数据库中，实现了台账文件的界面化，能够随时上传文件或下载查看。

（7）信息维护管理。该模块用于实时查询、修改各类建筑物的参数信息及状态，同时可更新调度人员信息和权限。

（8）实施方案管理。该模块是在用水计划调整情况和实时运行状态已知的情况下，自动生成全线短期调度方案，包括各节制闸的调控过程和各渠池、分区蓄水量的变化过程。

（9）供水计划管理。该模块主要用于统计各省市供水计划及其执行情况，并为实施方案提供计算的边界条件。

（10）调度决策管理。该模块能够根据各节制闸闸前水位自动评价全线的水情状态，在此基础上，自动生成全线各调控建筑物的控制指令。

3.2 平台应用情况及效果

南水北调中线智慧调度管理平台覆盖了信息感知研判、调度计划制定、指令生成跟踪等各级调度机构的全部业务流程，显著降低了工作人员的劳动强度。同时，针对不同的用户开放不同的功能，自动实现了1个总调中心、5个分调中心、47个现地管理处三级调度机构的分级管理。通过该平台，实现了中线工程270多座闸站的调度管理，调度效率大大提高。

根据美国汽车工程师学会标准，自动驾驶汽车按照汽车驾驶控制权和安全责任分配可划分为6个级别[5]，从完全的由人类驾驶员负责的 Level 0 级，到完全由自动驾驶系统负责的 Level 5 级（表1）。对于南水北调中线工程，传统的调控方式基本由人工完成各个环节，数据错误率高，调控可靠性差，自动化水平处在 Level 0 级。通过智慧调度管理平台，使得中线工程调控过程的自动化水平由 Level 0 级提升至 Level 3 级，由人工主导转变为计算机主导，调控可靠性进一步得到保障。

表 1 自动驾驶技术分级标准

自动驾驶级别	自动驾驶能力	描　　述
Level 0	人工驾驶	人工驾驶，无驾驶辅助系统，仅提醒
Level 1	辅助人工驾驶	辅助人工驾驶，可实现单一的车速或转向控制自动化，仍由人工驾驶（如定速巡航、ACC）

自动驾驶级别	自动驾驶能力	描述
Level 2	部分自动驾驶	部分自动驾驶，可实现车速和转向控制自动化，驾驶员必须始终保持监控（如车道中线保持）
Level 3	有条件自动驾驶	有条件自动驾驶，可解放双手（hands off），驾驶员监控系统并在必要时进行干预
Level 4	高级自动驾驶	高级自动驾驶，可解放双眼（eyes off），在一些预定义的场景下无需驾驶员介入
Level 5	全自动驾驶	全自动驾驶，完全自动化，不需要驾驶员（driverless）

4 结语

本文以南水北调中线工程为研究对象，提出了调水工程智慧调度管理平台的基本框架，为实现调水工程的智慧调度奠定了基础。随着人工智能、边云协同等新一代计算机技术的逐步应用，调水工程终将走向无人值班、少人值守的新阶段。

参考文献

[1] Zhang Z, Lei X, Tian Y, et al. Optimized scheduling of cascade pumping stations in open – channel water transfer systems based on station skipping [J]. Journal of water resources planning and management, 2019, 145 (7): 05019011.

[2] 杨立信. 国外调水工程 [M]. 北京：中国水利水电出版社，2003.

[3] Zhu J, Lei X, Quan J, et al. Algae growth distribution and key prevention and control positions for the middle route of the South – to – North Water Diversion Project [J]. Water, 2019, 11 (9): 1851.

[4] Cui W, Chen W, Mu X, et al. Calculation of head losses and analysis of influencing factors of crossing water – conveyance structures of main canal of middle route of South – to – North Water Diversion Project [J]. Water, 2023, 15 (5): 871.

[5] Yu D, Park C, Choi H, et al. Takeover safety analysis with driver monitoring systems and driver – vehicle interfaces in highly automated vehicles [J]. Applied sciences – basel, 11 (15): 6685.

胶东调水调度运行安全监管体系研究

魏 松 李 勤 杨 军 马吉刚

（山东省调水工程运行维护中心，济南 250000）

摘 要： 水利工程安全隐患主要来源于人的不安全行为、设备的不安全状态、环境上的原因和管理上的疏忽，通过构建胶东调水工程调度运行安全监控系统、创新工程运行安全智能监控技术和编制调水工程调度运行安全规范标准，探索水利工程调度运行安全监管体系建设。

关键词： 胶东调水；调度运行；安全监管；安全隐患；智慧水利；智能调水

0 引言

安全生产是社会安定团结的重要保证。一旦发生重大事故，将造成恶劣影响，给全社会蒙上一层阴影，给人民带来不安全感和恐惧感。事故的发生，轻则影响职工情绪，重则造成人身伤亡以及重大财产损失。随之而来的事故处理过程更是令人筋疲力尽，无暇顾及生产。消除不利影响更需要一个漫长的过程，因此强化安全管理工作的意义是极其重大的。

水利工程对于任何一个国家都是生命线，它对政治、经济、军事和人民生活的影响极大。而水利工程是一个大的行业体系，与其他行业体系相比，对安全管理的要求有些是相同的，也有些是不同的。对于与其他行业体系相同的安全要求，应借鉴引用；对于特殊的要求，则必须针对水利工程的特点，认真加以研究，从而实施行之有效的安全对策，借以防止和消除不安全因素。

在水利工程管理各项工作中，安全管理工作是重中之重。调水工程具有点多面广、管理对象复杂、风险高及对监管技术要求难度大等特点，随着水利工程运行维护管理单位和各级政府安监部门的高度重视，水利工程安全运行形势总体呈现趋少的态势，但事故发生总量仍旧偏大，且水利工程作为大型民生工程，有些事故一旦发生后果将是灾难性的，因此，针对水利工程进行安全运行体系研究已成为应对日益严峻的突发事故的迫切需要。安全运行体系建设作为调水调度重要的一环，对于提高水利工程运行维护管理水平与建立健全工程调度决策支持体系具有重要研究价值。

1 胶东调水工程简介

为解决城市用水并兼顾农业用水、生态补水，我国"七五"期间投资兴建了大型跨流

通信作者：魏松（1979— ），男，高级工程师，主要从事水利工程建设与管理方面工作。通信地址：济南市历城区二环路 3496 号 1112 室。E-mail：9748979@qq.com。

域、远距离调水工程——引黄济青工程。工程于 1986 年 4 月 15 日开工建设，1989 年 11 月 25 日正式建成通水，核定工程总投资 9.62 亿元。引黄济青工程从滨州调引黄河水到青岛，从根本上解决了青岛市区长期供水紧张的局面，使九曲黄河奔腾向前，成为润泽胶东的民心工程。2003 年，经国务院批准，山东省投资 56 亿元又开辟了向烟台、威海输水的胶东地区引黄调水工程，新辟输水线路 310km，与引黄济青工程连通，输水线路总长 600km，形成了引黄、引江与调引当地水的联合调配工程体系。

基于胶东调水工程的调度运行安全监管体系研究的目标是分析调度运行安全风险隐患及诱因、构建工程调度运行安全监控系统、创新工程运行安全智能监控技术和编制调水工程调度运行安全规范标准，赋能胶东调水工程从自动化阶段为主跨越式发展到智能化阶段。

2 胶东调水调度运行安全体系

2.1 安全隐患产生原因分析

安全隐患是指作业场所、设备及设施的不安全状态，人的不安全行为和管理上的缺陷，是引发安全事故的直接原因。安全隐患是客观存在的，存在于水利工程的运行全过程，而且对职工的人身安全，国家的财产安全和管理单位的生存、发展都直接构成威胁。正确认识安全隐患的特征，对熟悉和掌握隐患产生的原因，及时研究并落实防范对策十分重要。安全隐患具有隐蔽性、危险性、突发性、因果性、意外性、季节性等特点。

通过采用系统工程的逻辑思维方法对大量事故进行分析，可以得到事故发生的原因。其主要来源于人的不安全行为、设备的不安全状态、环境上的原因和管理上的疏忽四个方面（图 1）。

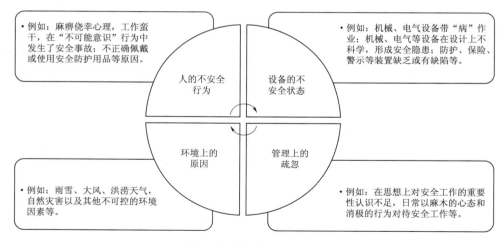

图 1　安全事故产生的诱因

1. 人的原因

所谓人的原因，是指由于人的不安全行为导致在调水过程中发生的各类事故。有统计资料表明，休工 8 天以上的伤害事故中 96% 的事故与人的不安全行为有关；休工 4 天以上的伤害事故中，94.5% 的事故与人的不安全行为有关。非理智行为在引发事故的不安全行为中占很大比重，冒险蛮干、麻痹大意等非理智行为的产生多由于侥幸、逆反、惰性、逞能、凑趣、从众等不良心理所支配。

2. 设备的原因

设备的原因是指设备的不安全状态。这里的设备是指调水过程中发挥一定作用的机械、物料以及其他工程要素。设备的不安全状态具体指防护、保险、信号装置的缺乏或有缺陷；设施、工具、附件有缺陷；个人防护用品缺陷（安全带、安全帽、安全鞋）等。通常，事故涉及的设备要比人复杂得多，其形态多种多样。

3. 环境的原因

调水工程某些隐患带有明显的季节性特点，它随着季节的变化而变化。夏季由于天气炎热、气温高、雷雨多，必然容易导致野外作业人员中暑、遭遇雷击等，使用、维修设备的人员又会因为汗水过多而产生触电等事故隐患。冬季又会由于天寒地冻、风干物燥，极易产生水利工程运行故障、火灾、冻伤、处理冰冻产生的事故等。充分认识各个季节特点，适时地、有针对性地做好隐患季节性防治工作，对于水利工程运行安全也是十分重要的。

4. 管理的原因

管理不善是造成安全事故的间接原因，人的不安全行为可以通过安全教育、安全调水责任制以及安全奖惩机制等措施减少甚至杜绝。设备的不安全状态可以通过提高安全调水的科技含量、建立完善的设备保养制度、推行文明施工和安全达标等活动予以控制。对于作业现场的不安全状态，可以通过对作业现场加强安全检查，发现并制止人的不安全行为和物的不安全状态，从而避免事故的发生。常见的管理缺陷有制度不健全、责任不分明、有法不依、违章指挥、安全教育不够、处罚不严、安全技术措施不全面、安全检查不够等。

2.2 运行安全技术监控系统

2018 年 11 月，山东省胶东调水局完成了《山东省调水工程自动化调度系统工程实施方案》项目招标工作，至 2020 年年底，山东省调水工程自动化调度系统已基本完成各标段的项目实施。自动化调度系统主要内容包括 13 部分，可大致分为三种类别：辅助管理人员进行调度决策指挥的，主要部署在省、市、县各管理机构及沿线泵站机房；对各闸、阀、泵站等工况进行状态监测监视和运行控制的，主要部署在现地各机组、闸阀站，泵站机房及主备调机房；用于通信支持、环境支持、安全保护等必要间接功能的，整个工程范围基本都有部署。

根据对胶东调水调度运行安全现状和需求进行分析，胶东调水调度运行安全技术监控系统架构如图 2 所示。

胶东调水调度运行安全技术监控系统主要可概括为 1 中心＋1 图＋1 平台＋1 网＋N 应用＋N 场景，分别简述如下：

（1）1 中心：利用已建的自动化调度系统调度中心，实现设备动态监控、调水人员定位及流程监管、安全环保监管、环境监测和安全监督应用呈现。

（2）1 图：通过自动化调度系统调度大屏，各种应用通过一张智能调水三维虚拟现实图，实现整个调水工程的数据孪生和数据映射，如实地描述和反映集成设备运行实时状态

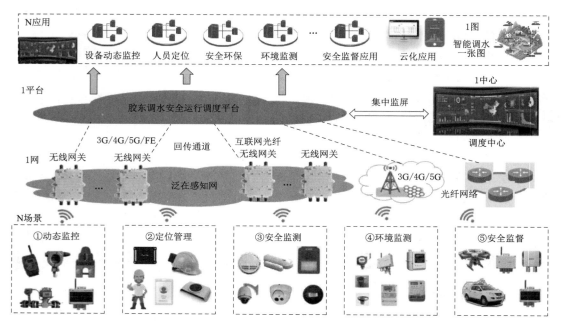

图 2　调度运行安全技术监控系统架构示意图

信息，实时反映资产的实际状况，事故应急演练、事故模拟、调水操作可视化培训等。

（3）1平台：搭建胶东调水安全运行调度平台，集成自动化调度系统已有部分功能，与调度运行安全新建系统进行融合，按照调水运行安全管理要求，定制个性化应用呈现界面。

（4）1网：通过自动化调度系统已建光纤网络，配套低成本泛在无线感知网和个别利用公网资源，组成一张宽窄带融合、有线无线一体的稳定的、冗余的基础通信网络，为调度运行提供泛在信息通道保障。

（5）N应用＋N场景：主要包括针对主要和关键设备的动态监控应用场景、针对一线员工和养护作业人员的定位监测应用场景、针对泵闸站主要安全隐患的安全监测应用场景、针对输水沿线关键节点的环境监测应用场景和对调度运行安全进行监督检查的应用场景。

2.3　调度运行安全标准化体系建设

为了能够及时掌握、总结分析工程沿线信息，有针对性地采取措施，提前消除可能出现的影响工程安全调度运行的因素和困难，提高调度运行可靠度及运行管理效率，在满足各种运行工况前提下，保证泵站及输水系统安全稳定的运行，并为胶东调水工程全线自动化控制提供依据，胶东调水进行了调度运行安全标准化体系建设。

胶东调水通过编制一系列企业级调度运行标准规范规程，进行系统性、整体性、全面性的规划规程编制，辅助调水调度工作良性有序开展。调度运行安全标准化体系建设按照系统性、整体性、全面性进行规划，建成内容完善、体系全面、实用性强的整套标准化体系。通过标准化体系建设，明晰各方工作细节，厘清各方工作界面，力求实现工程运行安全管理的方式由管理者决策转变成标准化规范制度管理。

调度运行安全标准化体系建设包括人员及设置管理、运行及调度、设计和施工、安全管理及考核四大主要类别共 14 项企标（表1）。

表1　　　　　　　　　　胶东调水调度运行安全标准化体系

序号	规程分类	规 程 名 称	规 程 编 制 目 的
1	人员及设施管理	《胶东调水调度运行岗位设置及岗位职责》	明确涉及调度运行的人员岗位设置及岗位职责
2		《胶东调水调度运行硬件设施管理及维护规范》	明确充水、输水、停输期硬件设施的管理及维护要求
3		《胶东调水调度运行应用系统管理及维护规范》	明确充水、输水、停输期各应用系统的管理及维护要求
4	运行及调度	《胶东调水调度指令及流程执行规范》	规范运行调度常见的指令和执行的流程
5		《胶东调水自动化运行巡查及动态监屏规程》	规范日常运行的巡查及监控中心监屏要求
6		《胶东调水泵站常见工况运行控制及调度规程》	规范泵站在不同工况下的控制操作及调度方案
7		《胶东调水闸站常见工况运行控制及调度规程》	规范闸站在不同工况下的控制操作及调度方案
8		《胶东调水阀站常见工况运行控制及调度规程》	规范阀站在不同工况下的控制操作及调度方案
9		《胶东调水输水管道常见工况运行控制及调度规程》	规范输水管道在不同工况下的控制操作及调度方案
10	设计及施工	《胶东调水调度运行设施改扩建设计规程》	规范调度运行设施各系统改扩建的设计要求
11		《胶东调水调度运行设施新建标准化设计规程》	规范调度运行设施新建各系统的标准化设计方案
12		《胶东调水调度运行设施建管规程》	规范调度运行设施施工全周期管理要求
13	安全管理及考核	《胶东调水调度运行安全管理规程》	规范调度运行常见安全事故、隐患的预防和应急处理
14		《胶东调水调度运行绩效考评及奖惩规程》	明确调度运行各参与方的绩效考评方案及奖惩措施

3　结语

安全生产，重于泰山。党中央、国务院，省委、省政府对安全生产工作高度重视。习近平总书记在多个场合多次指出，各级党委和政府、各级领导干部要牢固树立安全发展理念，始终把人民群众生命安全放在第一位。安全生产事关人民群众生命财产安全，是水利行业的底线，是不可逾越的红线。胶东调水工程贯彻落实安全生产的法律法规，加强安全调水管理，实现安全调水的目标。

胶东调水工程一直以来把实现安全调水作为一项重中之重的工作来实行，通过自动化调度系统改扩建项目建设、调水调度运行安全管理平台和调度运行安全标准化体系建设，加强安全调水基层、基础、过程的管理，初步实现了工程运行安全监管"安全第一、预防为主、综合治理"的目标。

参考文献

[1] 赵洪丽，马吉刚，郭江. 山东省调水工程智慧运营的转型升级思路 [J]. 水利水电技术，2020（增刊 1）：227 - 230.

[2] 赵洪丽，马吉刚，郭江. 智慧水利泵闸站标准化建设规程研究 [J]. 水利水电技术，2020（增刊 1）：221 - 226.

[3] 吴在栋，林广发，张明锋，等. 突发河流污染事件应急资源调度动态规划模型研究 [J]. 地球信息科学学报，2018，20（6）：799 - 806.

[4] 薛晓芳，李宁宁，王泽江，等. 突发事件多灾害点环境下确定性应急资源调度模型研究 [J]. 物流技术，2015，34（2）：98 - 102.

引滦入津工程水量调度工作分析与对策

刘鑫杨　安会静

（水利部海河水利委员会水文局，天津　300170）

摘　要：通过对引滦入津工程水量调度工作中涉及的水源工程及供水结构、引滦入津调水量、供水价格等进行调研，分析其水量调度工作现状，针对存在的问题，结合引滦入津工程实际，提出合理性意见与建议。

关键词：引滦入津；水量调度；问题；建议

引滦工程是我国第一个跨省调水工程，其中引滦入津工程为引滦工程的北线，总投资 11.34 亿元，完成土石方 3460 万 m^3，石方 166.67 万 m^3，浇筑混凝土 63.73 万 m^3，使用钢材 11.2 万 t，木材 5.4 万 m^3，水泥 36 万 t，设备 1776 台套，线路连接潘家口、大黑汀、于桥和尔王庄 4 座水库。引滦入津工程建设之初，计划 3 年完成，但经过奋战，仅用了 1 年零 4 个月，该工程的建成极大缓和并改善了天津供水现状，综合经济及社会效益显著。

1　调水现状情况与存在问题

1.1　水源工程及供水结构

引滦入津工程的源头为潘家口和大黑汀水库，在海河流域的滦河干流上，位于河北省唐山市迁西县。

潘家口水库控制流域面积 33700km^2，约占滦河流域面积的 75%，总库容 29.3 亿 m^3，承担着跨流域向天津市、唐山市和滦河下游地区的农业供水任务，承担着滦河下游 7 个市县的防洪任务。大黑汀水库位于潘家口水库下游 30km，为混凝土重力坝，坝顶高程 138.8m，坝顶长 1345.5m，大坝的主要功能是抬高水位，以便引水，大坝控制两库间的流域面积 1400km^2，形成的水库总库容 3.37 亿 m^3。引滦入津分水闸位于引滦干渠上，在大黑汀水库大坝下游 450m 处，设计过水流量为 60m^3/s，校核过水流量为 80m^3/s。1983—2019 年，潘家口、大黑汀水库累计供水 422.34 亿 m^3，其中通过引滦工程向天津累计供水 194 亿 m^3，年均供水 4.8 亿 m^3，向唐山累计供水 56.13 亿 m^3，年均供水 1.4 亿 m^3，向滦下灌区累计供水 172.16 亿 m^3，年均供水 4.3 亿 m^3。潘家口、大黑汀水库向天津供水量占总供水量的 45.9%。

但由于潘家口、大黑汀水库与天津市、唐山市基本同丰同枯，在丰水年期间，水库来水较多、用水需求较少，水库蓄水量大幅增多，大量水资源存蓄于水库难以供出；在连续

作者简介：刘鑫杨（1986—　　），男，高级工程师，主要从事水文水资源监测管理工作。

枯水年期间，水库来水较少、用水需求较多，水库蓄水量快速减少，导致供水不足。

1.2 引滦入津调水量分析

引滦入津工程于 1983 年 9 月 11 日正式通水，截止到 2019 年，累计向天津多年平均调水量 5.4 亿 m³，与南水北调中线工程、南水北调东线工程和引黄济津工程共同构成天津市外调水源保障格局。引滦入津工程 2011—2019 年调水量见表 1。

表 1 引滦入津工程 2011—2019 年调水量 单位：亿 m³

年份	2011	2012	2013	2014	2015	2016	2017	2018	2019	合计
调水量	6.222	4.325	5.458	9.412	4.429	1.954		3.261	7.010	42.071

注 2016 年 6 月至 2018 年 3 月，天津市暂停引滦调水。

由表 1 可知，2011—2019 年向天津调水总量占引滦入津工程累计调水总量的 21.69%，与多年平均调水量相比偏少一成多。受水质恶化影响，2016 年 6 月至 2018 年 3 月，天津市暂停实施引滦调水，共中断调水 671d，引滦入津调水工程面临严重危机。2018 年 3 月后，随着潘大水库完成网箱养鱼治理、天津市生态环境需水量增大，引滦入津工程调水量逐步回升。网箱养鱼被取缔后，水库水质有所改善，但水生态系统脆弱、水污染严重的问题仍未得到根本性改变，水质依然是影响引滦入津调水工作正常开展的主要因素。

1.3 供水价格分析

引滦入津工程建成之初，原水电部在理论测算的基础上核定供水价格标准为：工业和城市生活用水 0.027 元/m³，城市菜田用水 0.0135 元/m³，农业用水 0.003 元/m³。测算依据为潘家口水库在 75% 供水保证率时设计年度可分配水量 19.5 亿 m³，远大于 10 亿 m³ 的年实际供水量；同时供水结构中工业用水量占比较大，高出实际工业用水量 5 倍。水价测算依据与实际供水结构相差较大，导致测算水价低于实际供水成本。

引滦入津工程水价制定至今，进行了多次调整，供水价格逐步提升，2014 年年底为近期最后一次调整。目前引滦入津工程水价分为两项，即非农业水价 0.35 元/m³ 和农业水价 0.06 元/m³。引滦入津工程水价提升倍数见表 2。

表 2 引滦入津工程水价提升倍数 单位：元/m³

项 目	非农水价	农业水价
初始水价	0.027	0.003
近期水价	0.35	0.06
提升倍数	13 倍	20 倍
天津市水价	4.90 以上	

注 因后期取消城市菜田水价，故不再比较此项。

由表 2 可以看出，现行的供水价格已提升 13 倍和 20 倍，但仍与供水成本与现行城镇居民水价相差较远，低廉的容易造成用水户的节水意识淡薄，且不利于引滦入津工程长期稳定发挥综合效益。

2 意见与建议

2.1 合理配置水资源

由于水源地与天津水文气象情况相似,水文丰枯年基本相同,建议编制年调水工作方案时,充分考虑水文年型,并通过水量平衡的分析,充分考虑天津市现状,根据天津市引江、引滦指标水量与城市用水需求情况,通过调节南水北调中、东线工程和引滦入津工程天津城市供水量的方式,实现引江、引滦水量的优化配置。

同时,在滦河流域来水较丰年份,当潘家口、大黑汀水库在完成已定供水指标的基础上,可将剩余可供水量纳入天津市、北京市和河北省的区域水资源进行统一分配、调度。可利用剩余可供水量增加向天津市供水量以置换引江水量指标,置换出的引江水量指标供给南水北调中、东线沿线其他当年较缺水的受水区,实现引江、引滦水量的动态调度平衡。

2.2 强化水源地水质管理

水质直接影响引滦入津工程调水工作,但潘家口、大黑汀水库却未被划定为饮用水水源地保护区,不利于津唐地区的城乡供水安全和经济社会可持续发展。建议加快推动并尽快完成潘家口、大黑汀水库水源地保护区划定工作,严格潘家口、大黑汀水库水源保护工作。同时,加快制定并大力推动实施水源地库区管理办法,实现水源地库区管理有法可依、规范管理,明确潘家口、大黑汀水库管理单位及相关方的利益、管理与保护职责,逐步实现潘家口、大黑汀水库封闭式管理目标。

2.3 提升供水价格水平

由于引滦入津工程供水价格偏低,造成工程管理单位运行成本得不到合理补偿,不利用引滦入津调水工作的良性运行。为推进引滦入津工程供水价格改革,建议科学合理安排非农业和农业供水价格体系,遵循"补偿成本、合理盈利"的原则,充分发挥价格机制对用水需求的调节作用,以滦河水资源丰枯水量变化和工程调蓄水量为依据,制定引滦入津工程供水价格测算标准。同时,建议参照南水北调工程由基本水价和计量水价构成的两部制水价体系,逐步建立与滦河水资源量、开发利用情况协调,符合市场经济体制导向、提高居民节约用水意识的水价形成和调整机制。

参考文献

[1] 徐士忠. 引滦水资源优化配置与科学调度探索和实践 [M]. 天津:天津人民出版社,2018.

[2] 仇新征. 引滦枢纽工程水质水量调度初探 [J]. 浙江水利科技,2020 (5):27 - 34.

[3] 吕艳,张海英,丛瑞. 引滦水资源供需平衡分析与对策 [J]. 河北水利,2020 (9):38 - 39.

[4] 韩占峰,周曰农,安静泊. 我国调水工程概况及管理趋势浅析 [J]. 中国水利,2020 (21):5 - 7.

[5] 王凛然.20 世纪 80 年代初引滦入津工程的规划与实施 [J]. 当代中国史研究,2017 (6):95 - 108,128.

南水北调东线一期工程北延调水管理实践与探索

陈文艳　丁鹏齐　谷洪磊

（水利部南水北调规划设计管理局，北京　100038）

摘　要： 在介绍南水北调东线一期工程北延应急供水工程及东线一期工程历次北延调水情况的基础上，分析了东线一期工程北延调水的成效和有益经验，从建立统一的调度运行机制、合理的水价政策、统一高效的信息共享及多水源联合调度机制等方面提出了充分发挥工程效益的建议。

关键词： 南水北调；东线一期工程；北延应急供水工程；调水成效

南水北调东线一期工程北延调水是贯彻落实习近平总书记"节水优先、空间均衡、系统治理、两手发力"治水思路的具体实践，是充分发挥南水北调工程效益的有效探索，是落实华北地区地下水超采综合治理行动的重要举措。2019 年以来，东线一期工程三次北延调水在推进华北地下水超采综合治理、促进京津冀协同发展、助力京杭大运河实现全线贯通等方面发挥了重要作用，积累了有益经验。

1　东线一期工程北延应急供水工程基本情况

南水北调东线一期工程从长江下游引水，逐级抽水北送至山东半岛和鲁北地区，补充山东半岛和山东、江苏、安徽等输水沿线地区的城市生活、工业和环境用水，兼顾农业、航运和其他用水，并为向天津、河北应急供水创造条件。为充分利用东线一期工程供水能力，发挥工程的综合供水效益，实施东线一期工程北延应急供水工程（以下简称"北延工程"）。

北延工程供水对象分为常态供水对象、相机供水对象和应急供水对象。常态供水对象为天津市及河北省邢台市、衡水市和沧州市深层地下水超采区农业供水，南运河生态需水；相机供水对象为北大港、衡水湖、南大港等湿地需水；应急供水对象为天津市、沧州市城市生活应急需水。供水水源为长江水、淮河水并用，按照水源就近和科学经济原则，可优先利用工程沿线湖库富余水量和雨洪资源。

北延工程自穿黄工程出口经东线一期工程小运河输水至邱屯枢纽，线路长 98km。邱屯枢纽以下至杨圈采用西线、东线双线输水，西线通过邱屯枢纽向位山引黄线路分水，经穿卫倒虹吸后至杨圈闸入南运河，线路长 208.3km；东线自邱屯枢纽沿东线一期引江线路即六分干、七一六五河至六五河节制闸后继续沿六五河向下游输水，通过潘庄引黄穿漳

作者简介：陈文艳（1985—　），女，高级工程师，副处长，主要从事南水北调工程调度管理等工作，cwy@mwr.gov.cn。

卫新河倒虹吸，于四女寺闸下至南运河杨圈，线路长 217.3km；东线、西线自杨圈汇合后，沿南运河继续向下游输水至九宣闸，线路长 134.7km（图1）。

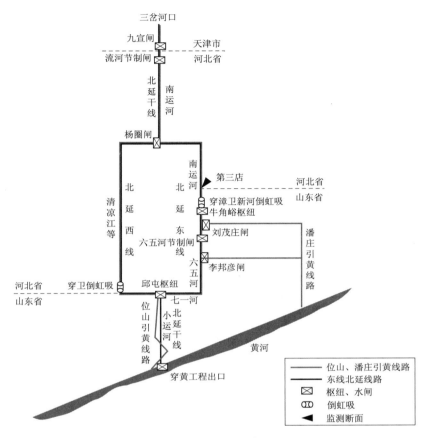

图1　北延工程示意图

北延工程穿黄出口多年平均供水量 3.50 亿 m³，最大调水能力为 5.50 亿 m³。常态供水目标置换河北省和天津市深层地下水超采区农业用水 1.70 亿 m³，其中河北省 1.50 亿 m³，天津市 0.20 亿 m³。黄河以北自穿黄出口至邱屯枢纽郭庄闸设计输水能力为 50m³/s，西线最大过流能力 50m³/s，东线最大过流能力为 36m³/s。

2　东线一期工程北延调水实践

水利部分别于 2019 年、2021 年和 2022 年先后三次组织实施了东线一期工程北延调水（表1），累计向天津市、河北省供水 24820 万 m³（第三店断面）。

表1　　　　　　　　　　　东线一期工程北延调水情况

调水年份	2019	2021	2022
调水时间	4月21日至6月25日	5月10日至5月31日	3月25日至5月31日
调水天数/d	66	22	68

续表

调水年份		2019	2021	2022
主要断面 水量/万 m³	第三店（入河北）	5717	3270	15833
	九宣闸（入天津）	1978	720	5037

2.1 2019 年调水情况

2019 年水利部组织实施了东线一期工程北延应急试通水，利用南水北调东线一期工程既有输水线路，之后继续沿六五河向下游输水，通过潘庄引黄穿漳卫新河倒虹吸于四女寺闸下入南运河，继续向下游输水至天津市九宣闸，最后进入天津市北大港水库。东线一期工程北延应急试通水 4 月 21 日启动至 6 月 25 日结束，历时 66d，六五河节制闸过水量 6868 万 m³，第三店过水量 5717 万 m³，入天津市水量 1978 万 m³。

东线一期工程北延应急试通水实现了"将南水北调东线水经南运河通至天津市九宣闸"的目标，检验了试通水线路和工程，通过河道回补了沿线浅层地下水，通过置换农业灌溉等深层地下水取水实现了地下水压采，实现了"试"和"通"的目的。

2.2 2021 年调水情况

北延工程完成了工程建设并于 2021 年 3 月通过通水阶段验收，具备通水条件。为检验北延工程输水能力，充分发挥工程效益，水利部组织实施了 2021 年北延调水工作。2021 年 5 月 10 日六五河节制闸提闸向北调水，5 月 31 日六五河节制闸关闭，调水历时 22d，累计向河北省、天津市供水 3270 万 m³。

2021 年北延调水利用北延工程东线输水，六五河节制闸以南、以北分别与 2020—2021 年度东线一期工程鲁北段、河北省潘庄引黄工程联合调度运用，探索了两种水源、三个供水工程的联合调度运用方式，在保证工程安全平稳运行的前提下，为河北省、天津市部分地下水超采综合治理增加了新的水源保障。

2.3 2022 年调水情况

为深入贯彻习近平总书记关于南水北调后续工程高质量发展和京杭大运河保护传承利用的重要讲话和指示批示精神，水利部于 2022 年组织实施了北延工程加大调水，在北延工程 2021—2022 年度水量调度计划的基础上增加调水量。

2022 年 3 月 25 日六五河节制闸提闸正式启动调水；4 月 16 日北延工程和潘庄引黄工程联合调度运行；4 月 28 日北延工程、潘庄引黄工程和岳城水库联合调度运行；4 月 30 日启动南四湖上级湖至东平湖段工程从南四湖上级湖调水；5 月 16 日多个梯级泵站相继开机，并于 5 月 25—26 日陆续停机；5 月 31 日，六五河节制闸关闭，加大调水工作结束，第三店和九宣闸继续利用河道槽蓄水量供水，维持小运河 6 月份不断流。北延工程加大调水历时 68d，六五河节制闸过水量 1.61 亿 m³，南运河第三店过水量 1.58 亿 m³，入天津市水量 5037 万 m³。

调水期间，水质基本稳定在地表水Ⅲ类及以上标准，实现了"多调水、调好水、提效能"的目标任务，实现了置换沿线超采地下水的目标，复苏了河湖生态环境，助力京杭大运河百年来首次全线水流贯通。

3 东线一期工程北延调水的成效及有益经验

3.1 有力提升了东线一期工程效能，进一步优化了水资源配置

北延调水的实施，扩大了东线一期工程的供水范围，进一步充分利用了工程供水能力，多年平均向天津市、河北省增加供水量 1.7 亿 m^3，穿黄工程出口断面增加 3.5 亿 m^3。东线一期工程三次北延调水已累计向天津市、河北省调水 3.1 亿 m^3（穿黄出口断面）。根据东线一期工程优化运用方案，按照水源就近和科学经济的原则，在保障东线一期工程防洪安全及正常供水的基础上，优先利用工程沿线洪泽湖、骆马湖、南四湖和东平湖等湖库富余水量和雨洪资源，为北延应急供水工程提供水源保障。北延调水为沿线湖泊的水资源利用提供了新的方案，将进一步优化水资源配置格局。

3.2 有力支撑了华北地区地下水超采综合治理和京杭大运河全线贯通

多次调水实践表明，东线一期工程北延调水能够充分发挥为华北地区（津冀）受水区地下水压采提供补充水源的功能，缓解华北地下水超采。以 2022 年北延调水为例，作为京杭大运河 2022 年全线贯通补水行动的重要水源之一，经小运河、六分干、七一河、六五河向南运河补水，改善了大运河河道水资源条件，用于河北省、天津市农业灌溉用水 0.53 亿 m^3，用于沿线河道生态补水 1.36 亿 m^3，回补重点超采区地下水，有力支撑了华北地区地下水超采综合治理，助力恢复大运河生机活力。

3.3 探索了多水源调度模式，为推进常态化供水积累了经验

东线一期工程北延调水通过强化协调，优化调度，充分利用了东线一期工程沿线湖泊的富余水量和雨洪资源，并经 13 个梯级泵站抽引长江水进一步保障供水水源。从实际水情、工情出发，通过北延工程与东线一期工程鲁北段、潘庄引黄工程进行联合调度，优化调度手段，三个调水工程稳定运行，均达到了各自的供水目标。同时通过与潘庄引黄工程联合调度加大了调水流量，沿线河道水质情况向好，取得了良好的调度实践效果，开创了北延工程、引江工程、引黄工程联合调度新模式，为今后继续优化联合调度积累了实践经验，为建立常态化调水工作机制，推动规范高效有序调水积累了经验。

4 有关建议

东线一期工程北延调水取得了显著效益，积累了有益经验，同时也发现了在统一调度管理、供水价格、信息共享和多水源联合调度等方面的不足，亟须建立健全相关体制机制，充分发挥工程效益。

4.1 建立统一的调度运行机制

东线一期工程北延调水涉及多流域、多水源，且需利用现有工程、河道输水，工程管理权属和调水线路复杂，涉及管理单位众多，包括有关工程管理单位、流域机构以及相关省市的各级水行政主管部门等，调度指令由相关管理单位分别下达，调水协调难度大。随着北延调水日趋常态化，建议进一步优化完善现有运行管理机制，建立统一的调度管理协调机构，明确各单位职责，统一责权，统一调度、统一指挥，建立健全常态化运行机制，确保工程效益充分发挥。

4.2　推动建立合理的水价政策

东线一期工程北延调水主要用于置换河北省、天津市农业用深层地下水和沿线河湖生态补水，供水水源有长江水、淮河水、黄河水，北延工程向河北省、天津市供水采用协商价格分别为 0.91 元/m³ 和 1.39 元/m³（2021 年），低于东线一期工程到德州水价 2.24 元/m³，高于沿线引黄工程、南水北调中线一期工程等外调水源的水价，影响了受水区用水积极性。建议推动区域综合水价改革，协调各方利益诉求，研究建立多方认可的水价政策，积极研究"中央支持、地方协同、企业参与"的生态用水和农业用水水价补偿机制，更好地服务于华北地区地下水超采综合治理和沿线河湖生态环境复苏特别是助力京杭大运河今后常态化补水。

4.3　建立统一高效的信息共享机制

由于东线一期工程北延调水涉及的工程管理单位复杂，为确保调水期间工程调度协调有序、调水监管及时高效，需要建立统一高效的信息共享机制。调水涉及的有关流域机构、地方水行政主管部门、有关工程运行管理单位等，应实现关键断面水位、流量和水量、分水口门流量和水量、水质监测、工程调度等数据信息共享。同时，围绕"精确精准调水"和确保"三个安全"目标，加快推进数字孪生建设，构建智慧应用体系，实现调度控制智能化、信息共享实时化，大幅提高精准调度水平。

4.4　进一步完善多水源联合调度机制

东线一期工程北延调水与潘庄引黄工程、位山引黄工程及本地调水工程在输水线路和时间上存在重叠，管理机构复杂，流域管理机构现有的调度监督协调职能难以满足流域水资源统一调度需要。例如在南运河多水源联合调度中，不同水源的调度分属不同部门和单位，难以有效形成合力，建议建立完善多水源联合调度机制，进一步强化流域治理管理，切实发挥流域管理机构在水资源统一调度工作中的重要作用，统筹东线水、引黄水和本地水的调度，保证和提升多水源联合调度成效。

参考文献

[1] 中水北方勘测设计研究有限责任公司，中水淮河规划设计研究有限公司. 南水北调东线一期工程北延应急供水工程初步设计报告 [R]. 2019.
[2] 中华人民共和国水利部. 南水北调东线一期工程优化运用方案（试行）[R]. 2021.
[3] 中华人民共和国水利部. 南水北调东线一期工程北延应急供水工程水量调度方案（试行）[R]. 2020.
[4] 穆冬靖，齐静. 南水北调东线一期北延应急试通水实施效果评价 [J]. 海河水利，2021（4）：1-3.
[5] 邓志刚，郭培震，于彤. 南水北调东线一期工程北延应急供水对德州市的影响分析 [J]. 海河水利，2021（6）：5-7.
[6] 尹红，曾佳琪. 北延应急供水工程供水成本补偿机制研究 [J]. 中国价格监管与反垄断，2022（5）：52-55.

棘洪滩水库大坝安全运行与管理对策研究

曹 倩

（山东省调水工程运行维护中心，济南 250100）

摘 要：水库作为重要的水利工程枢纽，不仅为防汛抗洪调度、确保一方平安做出了巨大贡献，而且兼顾着灌溉、发电、人畜饮水的重任，确保水库大坝的安全运行是十分关键的。本文就如何全面提高水库大坝安全运行管理水平展开深入分析与探讨，为加快形成职责明确、机制完善、制度健全、管理规范、监管有力的水库大坝安全运行管理新局面，实现水库大坝安全运行管理法治化、规范化和现代化提供有益参考。

关键词：水库大坝；安全运行；管理

水库是我国水利工程体系中的重要组成部分，不仅能拦蓄洪水，调节河川径流，削减洪峰，保证下游的安全，而且可以将丰水期的水量储存起来，供缺水时期和缺水地区使用，并且还能发展养殖业和旅游业等。水库的安全直接关系到人民群众的财产和生命安全，关系到社会的稳定。近年来，在中央大力支持下，山东省大部分水库都进行了除险加固，各类安全隐患得到有效整治，水库安全性能得到大大提高。巩固水库除险加固成果，加强水库大坝安全运行管理工作是十分关键的。本文以引黄济青工程调蓄水库-棘洪滩水库安全运行管理经验为基础，对加强水库大坝安全运行管理措施进行探讨，为同类型水库大坝工程安全管理提供借鉴。

1 棘洪滩水库概况和现状

棘洪滩水库是山东省引黄济青工程的调蓄水库，属平原围坝式大型水库，位于青岛市城阳区棘洪滩镇西北，胶济铁路以南，即墨区、胶州市和城阳区两区一市的交界处，是一座以城市供水为主的大（2）型水库，工程等别为Ⅱ等，主要建筑物级别为2级，次要建筑物级别为3级。库区面积14.42km²，围坝长14.227km，设计水位14.2m，总库容1.568亿m³，兴利库容1.1018亿m³，坝顶高程17.24m，最大坝高15.24m。棘洪滩水库由围坝、泵站、进水闸、输水洞、泄水洞、桃源河改道等工程组成，入库泵站设计流量23m³/s，输水洞设计流量5.4m³/s，泄水洞设计最大流量124m³/s。

大坝由上下游护坡、防浪墙、坝体和排水体等部分组成。2015年对大坝进行了维修加固，目前运行良好。

作者（通信作者）简介：曹倩（1986— ），女，工程师，研究生，研究方向为大型调水工程运行管理与维护、安全生产管理等。E-mail：84409653@qq.com。

现浇混凝土板护坡厚度基本满足设计及规范要求，现状如图 1 所示。

浆砌石护坡没有发现明显的沉陷现象，浆砌石护坡基本平整，护坡砌体没有发现沉陷断裂缝，勾缝砂浆大多完好，未发现明显的空鼓和脱落，现状如图 2 所示。

图 1　现浇混凝土板护坡现状

图 2　上游浆砌石护坡现状

防浪墙完整性较好，在围坝坝顶基本封闭，没有发现明显的沉陷断裂缝，现状如图 3 所示。

坝顶没有发现凸向下游或上游的滑坡裂缝痕迹。坝顶路面多为砂石路面，未见明显的沉陷裂缝，现状如图 4 所示。

图 3　坝顶防浪墙现状

图 4　坝顶砂石路面现状

2　强化水库大坝安全运行与管理的重要性

在我国的水利工程中，水库大坝是其中非常重要的环节和组成部分，为我国社会发展和国民经济的进步提供了最基础的设施保障。如果存在安全运行管理不到位、施工质量差以及防洪标准低等问题，不仅会给周边老百姓的生命财产安全造成巨大威胁，同时也会给我国的水利设施建设事业蒙上阴影[1]。因此，应充分认识加强水库大坝安全运行与管理工作的重要性和必要性。水库大坝安全运行是科学调度、发挥供水效益的前提，相关部门或企业一定要采取有效措施来处理水库大坝安全管理中遇到的各种问题。通过掌握施工期工程建设质量、运行期大坝安全程度，及时发现存在的问题和安全隐患，从而有效控制施工、检验设计，监控大坝工作状态，保证大坝安全运行。

3 加强水库大坝安全运行与管理的措施

3.1 强化水库大坝安全监测

长期运行管理经验说明，要准确了解大坝工作性态，只能通过大坝安全监测来实现，同时也说明了大坝安全监测的重要性。大坝安全监测是了解大坝运行性状态和安全状况的有效手段，有校核设计、改进施工和评价大坝安全状况的作用，且重在评价大坝安全[2]。大坝安全监测范围包括坝体、坝基、坝肩，以及对大坝安全有重大影响的近坝区岸坡和其他与大坝安全有直接关系的建筑物和设备，大坝安全监测项目主要有水位、降水量、流量、沉陷、测压管、检查井、渗流等。

加强对溃坝的分析是非常有必要的，这就要求大坝安全监测系统在关键时候能发挥作用，能得到关键数据。针对具体的坝址、坝型和结构有针对性地加强监测，大坝监测应和大坝设计、施工和运行管理互相补充，特别是在设计中运用新结构、新方法、新材料。运行遇到不利情况时，大坝安全监测理应成为检验设计、施工及运行效果的必要手段，从而为采取必要的工程措施确保大坝安全创造条件[3]。

3.2 加强水库大坝日常管理维护

强化水库防汛安全管理，离开水库自身安全，水库的兴利效益就无从谈起。分析所有失事水库的原因，其中管理不到位是主要原因。应加强水库安全管理，建立和完善水库安全设施检修维护制度，定期检查检测设施设备，各项管理设施及设备应配置齐全，工程管理实现规范化、现代化和信息化，保证水库工程安全运行。

为充分发挥水库现有工程效益，使水库工程最大限度地发挥其兴利除弊的功能，需要做好以下几个方面的工作：强化工程管理，落实各项规章制度，加强大坝安全监测和机电设备的安全检查工作；加强水库管理人员的业务学习和培训工作，消化吸收和掌握工程加固后的新内容和相关技能，为管理水库工程做好技术和运用能力准备；规范操作，科学调度水库工程，做好水库工程度汛安全和下游防洪保护对象的行洪安全等防汛工作；加强水库蓄水管理和供水调度工作，充分发挥水库工程的经济效益；加快水库管理体制改革的进程，理顺管理体制和经营方式，实现正规化管理的目标[4]。

3.3 积极探索水库大坝管养分离模式

水库大坝工程标准化、信息化、安全化水平要提高，就必须在补短板、强监管上狠下功夫。顺应水利改革发展新方向，积极探索水库大坝管养分离模式，在实际的操作过程中，对水库大坝进行养护和修理工作，按照具体问题具体分析的原则，"能合则合，能分则分"的原则灵活进行，落实管护责任，确保工程发挥更大的效益[5]。

3.4 加快水库大坝信息化建设

水库大多数处于偏远地区交通不太便利，应加快完善水库周围的交通和通信设施。对于入库的公路建设，确保其能够达到防汛抢险标准，为日后的防汛抢险工作提供便利保证。

同时，应用物联网、云计算、大数据等现代信息技术手段，加快水库大坝信息化建设，建立水库动态监管系统（掌握各类型水库、重点堤围、重点地区的水、雨等状况以及水库大坝的稳固运行情况）、大坝安全监测系统（对坝体、周岸及相关设施进行有效监测，可以为大坝的运行状况提供运行数据，及时对异常状况发出预警预报）、水库泄洪预警系统（以水库水位监测数据、雨量监测数据等为基础，实现沿岸广播预警全覆盖）等一系列信息化管理系统，实现水库智能化管理。

4　结论

水库大坝应定期开展安全监测工作，确保其安全运行，加强巡查管理，消除水库大坝上下游存在的各种安全隐患，杜绝安全事故的发生，最大程度发挥工程效益，水库大坝的运行管理才能够朝着现代化、科学化、规范化和制度化的方向发展，促进我国水库大坝健康可持续发展。

参考文献

［1］　宋冰．水库大坝安全监测信息化系统建设与实践［J］．信息与电脑（理论版），2018（13）：37．
［2］　黄哲超．小型水库大坝安全问题与解决措施分析［J］．科技传播，2012（12）：60，55．
［3］　徐铭，曹恒楼，陈钟．基于风险矩阵的水库风险评价方法研究与应用［J］．江苏水利，2021（9）：62－65．
［4］　李玉峰，刘袁春，胡大山，等．基于风险矩阵的水电站项目风险分级评估方法研究：以乌东德水电站为例［J］．中国安全生产科学技术，2020，16（1）：130－134．
［5］　刘昶．水库大坝危险源辨识及风险评价［J］．黑龙江水利科技，2018（9）：76－77，95．

胶东调水工程调度运行规范化体系
建设提升对策研究

孙　博

（山东省调水工程运行维护中心，济南　250100）

摘　要： 胶东调水工程担负着向胶东四市供水的重要任务，自1989年建成通水至今已安全运行30余年，为胶东地区经济社会发展提供了有力的水资源支撑，被称为齐鲁大地上的"黄金之渠"。近年来，胶东地区用水形势日趋紧张，工程实施黄河水、长江水双水源联合调度，连续多年不间断运行，实际年引（配）水量较设计翻了一番，运行管理难度不断增加。因此，摸清工程运行管理现状，梳理调度体系和运行机制建设存在的主要问题，有针对性地提出优化对策，研究建立新形势下统一高效的调度体系和运行长效机制，对推进胶东调水工程运行管理标准化、规范化研究意义重大。

关键词： 胶东调水；调度体系；运行机制；优化对策

1　研究背景

1.1　工程概述

胶东调水工程是山东省"T"字形骨干水网的重要组成部分，是缓解胶东地区水资源供需矛盾的战略性水利基础设施，由引黄济青工程和胶东地区引黄调水工程组成。引黄济青工程输水线路总长252km，自滨州市博兴县打渔张引黄闸引水，途经滨州、东营、潍坊、青岛4市、10个县（市、区），穿越大小河流36条，各类建筑物450余座，设4级提水泵站和1级临时提水泵站，大型调蓄水库和沉沙池各1座，1989年11月建成通水。胶东地区引黄调水工程输水线路总长482km（其中利用引黄济青既有输水线路172km，新辟输水线路310km）。工程新建160km明渠、150km管道（暗渠）、7级提水泵站、5座大型隧洞、6座大型渡槽、19座倒虹，以及桥、涵、闸等建筑物467座，2013年年底通水。

近5年来，胶东调水工程对胶东四市实施不间断应急调水，有效地缓解了四市的用水危机，工程向青岛市供水占该市总用水量的95%以上；向烟台市供水占该市总用水量的85%以上，工程的安全高效运行为该地区的社会稳定和经济发展提供了有力的水资源

作者（通信作者）简介：孙博（1985—　），女，工程师，研究生，研究方向为大型调水工程运行管理与维护、调度自动化、信息化建设等。E-mail：183346448@qq.com。

支撑。

1.2 工程调度运行规范化体系建设提升的紧迫性和必要性

引黄济青工程设计运行时间为 71 天/年，调水水量为 1.205 亿 m³；自 2014 年 4 月南水北调东线一期通水，胶东调水工程与南水北调联系运行，工程设计运行时间为 243 天/年，年调水量 4.86 亿 m³。2015 年以来，胶东地区连年干旱，为保障胶东四市用水需求，工程连续多年全天候、不间断运行，在供水范围、调水流量、运行水位、运行时间等方面远超设计要求，2015 年累计运行 303 天，自 2015 年 10 月 29 日至 2018 年 8 月 18 日未间断运行超过 1000 余天，2019 年、2020 年运行均超过 300 天，累计为胶东四市配水 42.34 亿 m³，其中配水青岛 24.07 亿 m³、潍坊 9.64 亿 m³、烟台 5.12 亿 m³、威海 3.51 亿 m³，有力地保障了胶东四市基本用水需求。工程实际年引（配）水量较设计翻了一番，运行管理工作难度不断增加，面对的新问题和新挑战巨大，急需研究建立新形势下统一高效的调度体系和工程运行长效机制，为加快推进工程运行管理朝标准化、规范化方向发展做出有益探索。

2 工程运行管理现状

2.1 调度体系及职责分工

按照《山东省胶东调水条例》规定，胶东地区以及沿线其他区域引水、蓄水、输水、配水等水资源调配管理等工作职责，由胶东调水管理机构具体履行。根据"统一调度、分级负责、实时反馈"的原则，设立省中心调度中心，下设滨州、东营、潍坊、青岛、烟台、威海 6 个分中心调度中心，各管理处（站）成立调度组，泵站、闸站、渠道巡视人员为现地运行单位，服从上级调度中心（组）的指挥。各级调度中心工作职责见表 1。

表 1　　　　　　　　　　　　　各级调度中心职责分工

调度层级	责任单位	工 作 职 责
一级调度	省中心调度中心	负责研究运行过程中各类工程问题的处理方案并组织实施；在应急突发事件发生时负责组织实施工程抢险；组织实施工程的安全监测、维修维护等工作
二级调度	分中心调度中心	负责辖区内调度运行、应急救援与运行管护人员技术安全培训，服从省局调度中心的统一调度指挥。组织设备设施运行状况进行巡视、检查；组织安全生产、水政执法等工作的开展
三级调度	管理站调度组	负责所辖段各项运行任务的组织实施；负责所辖范围内通水期间供水设备设施的维护检修、安全生产、安全保卫工作；具体实施所辖范围内工程抢险工作；负责所辖范围内供电、通信等与地方有关部门的业务联络工作
四级调度	泵站、闸（阀）站现地运行单位	负责运行期间的水位观测、接收调度指令具体操作泵站、闸站机电设备、工程安全巡查、参与应急救援等运行工作

2.2 运行机制

运行管理工作严格执行《山东省胶东调水工程调度运行管理办法》，强化落实各级调度中心职责，将运行机制建设渗透到调度运行的关键环节和重要步骤中，确保工程效益得到充分发挥。主要运行机制如图 1 所示。

（1）统筹制定分阶段调水计划机制。根据胶东四市用水需求、工程运行能力和运行阶段，统筹制定调水计划，在汛期、冰期等主要控制期制定专项的、细化的调水工作方案。

（2）水源保障和联合调度机制。胶东调水工程自 2014 年承接长江水以来，与南水北调东线工程联合运行，制定《南水北调与胶东调水联合运行沟通协调机制》，双方书面函告调度重要事项和具体运行操作，充分做好黄河水、长江水的有序衔接和优化调度。

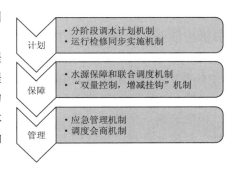

图 1 主要运行机制

（3）"双量控制，增减挂钩"机制。严格执行水利部下达的长江水、黄河水调度计划和省水利厅下达的年度调水任务目标，合理安排各受水市用水计划，实施节点流量控制，明确主要控制节点和市域边界断面流量，实时监测断面流量，建立"流量、水量双量控制，增减挂钩"机制。

（4）泵站运行检修同步实施机制。强化泵站运行管理，机电设备停水检修、带水检修两种方式结合开展。配齐保障泵站运行所需的各类备品备件，创新优化泵站边运行、边检修有机结合的模式，最大程度加大调水运行时间。

（5）应急管理机制。统筹编制《山东省胶东调水工程调水突发事件应急预案》、应急调度专项预案、机电设备突发事件、水工建筑物突发事件及突发性水污染事件等三项应急处置方案，各地方运管单位编制完善《防汛应急预案》和《安全生产应急预案》及应对各种突发事件的工程、供水、水质保护等应急处置方案，涵盖了工程运行管理各类突发事件的应急响应和应急处置。

（6）调度会商机制。运行期间，各单位定期召开工程运行会商会议，针对工程运行情况、所辖渠段工程存在问题、下一步运行安排、运行流量调配等事项进行会商。

3 运行管理存在的问题分析

通过对工程运行管理现状和存在的矛盾进行汇总梳理，结合多年调度运行经验，找到管理的薄弱点和存在的主要问题，从管理体制及运行机制两方面分析。

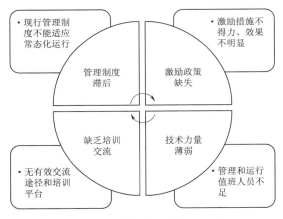

图 2 管理体制存在的主要问题

3.1 管理体制

现行管理体制与工程常态化运行状态不适应，存在的矛盾和问题日益突显，如图 2 所示。

（1）规范化制度管理滞后。多年来，受到管理体制限制，现行的部分管理制度与经济社会发展和管理现状脱节，工程管理工作从上至下明显松懈，有些运行管理制度已不适用于常态化运行，无法得到有效落实；工程管理的过程中缺乏相应的规范性和标准性，技术标准、管理标准和工作标准体系不健全，管理人员在工作衔接和配合上耗费大量精力，管理能力和水平得不到有效提升[1]。

（2）运行管理工作缺乏必要的激励政策支持。近年来，工程运行时间持续增加，运行难度不断增大，全系统运行管理人员投入了大量精力，尤其是泵站运行人员，他们在管理、维修、运行等方面的劳动强度日益增加，但一直缺乏行之有效的激励政策和奖惩机制，岗位轻重一个样，干多干少一个样，干与不干一个样，严重影响了职工干事创业的积极性，对推动管理工作有较大的抵触情绪。

（3）运行技术力量薄弱，管理人员严重匮乏。受到近年来退休、离职人员日益增多，选人用人进人周期长、限制条件多等现实因素影响，运行管理和调度值班人员严重不足，专业技术人员偏少，已成为影响调度运行与维护管理的突出问题。以泵站为例，年龄在45 岁以上的人员占泵站总人数的 50％以上，年龄结构偏大，整体技术力量薄弱，真正精通业务、能够独当一面的骨干人员少之又少，年轻人员缺乏突发事件判断、处置能力和相应的经验，已经难以满足工程运行维修要求。

（4）缺乏系统的学习交流和培训机制。引黄济青工程建设之初，工程设施先进，管理技术规范，同行业单位之间常进行交流学习活动。近年来，随着社会发展，技术的推陈出新，引黄济青工程优势不在，系统内部缺乏必要的交流，外部学习培训大大减少，运行管理人员知识结构老化，知识面得不到拓展。

3.2 运行机制

当前，工程运行管理工作呈现专业化、复杂化、高强度化发展趋势，业务量和业务难度不断增强，现行运行机制已不能够完全适应常态化的调水需求。

（1）工程设施与运行要求不匹配。为缓解胶东地区用水紧张局势，工程连续多年全天候、不间断运行，造成工程实际运行状况与工程设计技术指标不匹配，工程缺乏时间进行必要的检修维护，老旧设施故障多发。部分渠段受淤积、糙率增大等因素影响，过流能力明显降低，影响输水流量。

（2）各级调度中心职能应进一步整合。通过长期运行发现，管理处（站）调度组和分局调度中心运行管理职责和分工有重叠，调度指令执行和反馈程序不够顺畅，日常调度过度依赖省局调度中心，未能充分发挥"统一指挥、分级负责"调度原则的高效性，各级调度中心职能和作用应进一步细化，同时明确值班人员、泵（闸、阀）站运行值班人员、渠管道巡视人员等岗位职责，落实责任到岗、到人。

（3）缺乏专业化管护队伍和应急抢险队伍。工程设施设备长期运行，停水检修次数偏少，隐患增多，运行存在一定困难，缺乏专业检修人员和检修队伍。维修工作缺乏必要的计划性，哪里出问题就修哪里，无法形成长效机制，长此以往，设备得不到系统的维修和养护，易发生突发性故障影响运行[2]。

4 工程调度运行规范化体系建设提升对策

随着工程运行管理任务加重，技术人员短缺问题愈发严重，在新形势下尽快调整思路，针对上述存在的主要问题，结合胶东调水工程实际，提出调度体系和运行机制提升对策。

（1）积极探索，分步实施管理体制机制改革。根据当前胶东社会经济发展和用水情况分析，常年调水已经成为常态化，突破管理体制机制限制，加快推进工程管养分离十分迫切和必要。结合胶东调水工程实际，提出"管养分离、管运结合、专业修试、社会服务"十六字改革方向，分步骤实施。

管养分离。尽快实施社会化公开招标，与专业的工程维修养护队伍签订合同，明确职责，政事分开，权利细化。将常规性养护工作，按专业细分为渠道、水工建筑物、机电设备等，制定统一养护标准，由工程维修养护队伍负责工程日常维护（包括闸站巡视巡检及运行值班等）和专项维护（包括大修项目、技术改革、设备设施提升改造、标准化建设等）。用管理施工企业的办法进行管理，严格履行合同约定，管事不管人，保障养护质量，促进经费节约，以便更好地进行现代化水利工程管理。

管运结合。采取管理和专职运行相结合的形式，运行关键岗位由管理人员担当，同时负责制定完善调水运行工作制度，形成运行管理制度标准体系，指导调度运行，增强运行管理的规划性和科学性。通过招聘、抽调、业务培训等方式，建立稳定的专职运行队伍，负责运行期值班运行工作，二者有机结合，推动运行管理朝标准化、规范化方向发展。

专业修试。针对工程、机电设备维修养护专业性强，工作时间、地点较为集中的特点，整合现有引黄济青和胶东调水工程技术力量，加强与社会资源结合，成立一支专业化的检修和应急抢险队伍，结合泵站、闸站改扩建项目建设，与机电设备供货厂商签订长期维护协议，涵盖设备设施常规保养、专业检修队伍培训、专业性试验等技术内容，待专业维修队伍技术成熟后，负责全线泵站、闸（阀）站机电设备的大修、岁修，预防性试验，以及全线输水渠道、压力管道和机电设备等工程运行过程中发生事故的应急抢险任务。

社会服务。延续目前服务性岗位引入社会力量向社会采购服务的成功做法，在后勤保障、物业管理、食堂创建、车辆运营等方面，集中招标，签订服务协议，统一化、标准化、合同化管理方式，有利于基层管理单位集中力量搞管理，从而提高工程管理水平，节省工程管理开支。

（2）加快推进工程标准化建设。制度建设是实施标准化管理的重要手段。根据当前面临的新形势、新任务和新要求，结合工程实际情况，从长效机制出发，优化推进工程标准化建设，选取部分泵站、闸（阀）站开展制度标准化、安全管理标准化、调度业务规范化等试点工作。首先，以问题为导向，对试点单位原有制度、标准、办法、预案等进行运行评估和重新梳理，完成运行管理标准化建设顶层设计；其次，按照"物、事、岗"全覆盖的原则，以技术标准、管理标准和工作标准"三大标准"为支柱，其他规章制度为保障，构建试点单位运行管理制度标准体系；最后，推行泵站、闸（阀）站精细化管理，建立健全岗位管理、制度管理、管理目标等管理考核体系。工程标准化建设，为提高工程运行管理工作的质量与水平，实现管理模式的创新提供有益探索。

（3）优化运行管理队伍建设。人员管理是管理工作的核心，人才是实现胶东调水事业可持续发展的最大财富。要想持续做好运行管理工作，就必须有一支综合素质高、专业技术精的运行管理队伍，建立人才储备长效机制。

加强专业化培训，提高管理队伍业务水平。为增强运行管理人员专业水平，更快、更好地适应和掌握自动化调度系统，定时组织自动化调度系统培训和调度运行专业技能培训。在加强自动化新技术学习应用的同时，将培训重点放在传统调度模式向自动化调度模式转变的适应性和熟练性上，着重解决依靠经验调度的模糊调度模式和依靠自动化技术调度的精细调度模式的过渡和结合问题，根据运行人员实际需求，不断完善自动化调度系统应用功能，最大程度发挥自动化技术调度优势，提升运行管理的可靠性和可预见性。增加突发事件应急演练的频率和现场学习机会，通过实际演练检验应急预案可行性和可操作性，提高运行人员应急处置能力[3]。

实施常态化的培训，优化管理队伍知识结构。每年对现有运行管理人员有针对性地开展 1～2 次技术培训，增加技术交流机会，扩大技术交流范围，更新和提高基层人员知识层和管理水平，不断优化管理队伍知识结构，为将来工程管理、调度运行做好人员储备。将培训工作逐渐常态化、制度化，制定分层次、分专业、分批次的长期培训规划，重点对新产品、新技术、新工艺进行培训。加大措施，加大力度，积极鼓励各泵站、闸（阀）站自行展开技术革新与技术改造，充分发挥运行管理人员的主观能动性，拉动综合管理水平向更高层次发展[4]。

探索科学用人方式，巩固管理队伍责任意识。积极采取"引进来、走出去"的人才培养方式，继续有计划、有重点地招聘、引进实用技术人才，充实管理运行队伍，优化年龄结构。对泵站、闸（阀）站等基层站所管理、运行工作需要的岗位进行重新核定，针对工作任务确定岗位及岗位职责，参考人员技术水平，合理定岗。充分利用现有基层管理、运行人员的经验，调动其工作积极性，做到真正的扎根基层，服务基层。

参考文献

[1] 金海，王建平，等. 南水北调中线调蓄水库运行管理面临的问题与对策［J］. 南水北调与水利科技，2015，13（6）：1191－1196.
[2] 荣迎春，李松柏，滕海波. 江苏南水北调工程运行管理浅析［J］. 南水北调与水利科技，2012（4）：157－160.
[3] 左其亭，胡德胜，窦明，等. 基于人水和谐理念的最严格水资源管理制度研究框架及核心体系［J］. 资源科学，2014，36（5）：906－912.
[4] 赵刚，徐宗学，董晴晴，等. 不同管理措施对密云水库流域水量水质变化的影响［J］. 南水北调与水利科技，2017，15（2）：80－88.

嫩江北部引供水工程综合调度研究与应用

刘晓臣　王国志

（黑龙江省嫩江引水工程管理处，大庆　163316）

摘　要： 北部引嫩工程位于尼尔基枢纽下游 28km 处，工程引水受尼尔基水库发电放水控制，引供水调度存在复杂不确定性，在我国长距离引供水工程中具有典型的代表性，本文以北部引嫩工程引供水综合调度实际应用为案例，在尼尔基水利枢纽正常发电作业情况下，讨论了北部引嫩工程综合调度技术实现，为长距离引供水工程的调度运行管理提供借鉴。

关键词： 北部引嫩工程；遥感应用；水利信息化；系统分析设计

0　引言

北部引嫩工程（简称"北引工程"）始建于 20 世纪 70 年代，进入 21 世纪后，作为尼尔基水利枢纽配套项目的黑龙江省引嫩扩建骨干一期工程（简称"一期工程"）已经完工，引供水综合自动化系统也已投入试运行。一期工程是《全国新增 1000 亿斤粮食生产能力规划（2009—2020 年）》重点项目，为大庆、安达两市工业和居民生活、沿程农牧业灌溉及生态环境供水，北引工程年引水能力为 23 亿 m^3 以上，灌溉面积可达 220 万亩以上，对于实施国家振兴东北老工业基地战略部署，保障国家粮食生产安全，改善区域生态环境将发挥重要作用。

目前，国内已建成较大规模的长距离引供水工程有十多座[1-2]，如南水北调工程、万家寨引黄工程、东深供水工程、引滦济津工程、引黄济青工程，以及北引工程等，并相应地建设了引供水调度信息化系统，如南水北调中线干线自动化调度系统[3-7] 等。在长距离调水供水工程运行中，如何通过对引供水工程的科学调度，充分发挥蓄水工程、取水工程、渠系工程、调节工程的作用，最大限度地发挥工程效益，是引供水工程调度运行的重要课题。

多年来，我国水利行业在长距离引供水调度方面做了大量研究工作，尤其是近几年随着智慧水利、智能控制技术的发展，多目标复杂水工程智能综合调度技术得到了长足发展[8-15]，在提高水工程效益、优化水资源配置方面发挥着重要作用。本文以北引工程引供水综合调度为案例，在尼尔基水利枢纽正常发电作业情况下，讨论北部引嫩工程综合调度技术实现，为长距离引供水工程的调度运行管理提供借鉴。

作者简介：王国志（1967—　），男，研究员级高级工程师，主要从事水利工程管理工作，bygcwang@126.com。
刘晓臣（1973—　），男，高级工程师，主要从事水利工程管理工作，lxcys@163.com。

1 工程概况

北引工程主要包括：渠首工程、总干渠工程、红旗干渠工程、水库工程。

（1）渠首工程。渠首工程位于尼尔基水库坝下约 28km 处，为有坝自流引水枢纽，枢纽总长 5592.5m，总体布置为泄洪闸、进水闸、土坝、溢流坝、固滩，两侧与嫩江堤防衔接。

泄洪闸，拦江蓄水，位于嫩江主河床，为平底板开敞式闸，设弧形工作闸门 12 孔，单孔净宽 16m，总净宽 192m，工作闸门液压启闭机启闭，堰型为宽顶堰。泄洪闸最大过闸流量大于 5000m³/s。通过泄洪闸的升降调节，满足渠首引水条件。

进水闸，引水控制，采用平底板胸墙式闸，单孔净宽 7m，3 孔，总净宽为 21m，堰型为宽顶堰，闸底板高程 172.50m，设计水位 176.20m，设计流量 145.00m³/s。

（2）总干渠工程。总干渠工程自渠首进水闸经讷河、富裕、依安、林甸、明水、青岗、安达等市县，全长 203.20km。总干渠设计流量为 145～73.66m³/s。总干渠以乌裕尔河为界分为乌北、乌南两段，自渠首进水闸至乌裕尔河交叉为乌北段，全长 89.72km，过乌裕尔河后到总干渠尾端太平庄称乌南段，全长 113.47km。乌北段布设节制闸 3 处、分水闸（泄、退水闸）9 处，布设倒虹吸 1 处与乌河实现非洪水期立体交叉，布设大型泄洪闸两座构成大洪水时与乌河的泄洪交叉。乌南段布设节制闸 4 处，布设倒虹吸 1 处实现与双阳河立体交叉，总干渠尾端布设东湖水库进水闸和红旗干分水闸，另外，布设分水闸（引水闸、退水闸、泄洪闸）9 处。

（3）红旗干渠工程。红旗干渠起始太平庄红旗干分水闸，是东城水库和红旗泡水库的引水干渠，全长 39.43km，设计流量为 30.80～19.24m³/s，中途布设东城水库进水闸及节制闸，尾端为红旗泡水库进水闸，另外，布设有倒虹吸 1 处、分水闸 2 处。

（4）水库工程。

1）红旗泡水库。正常蓄水库容为 1.16 亿 m³；设计供水量为 1.52 亿 m³；引水干渠设计流量为 19.24 m³/s。

2）大庆水库。正常蓄水库容为 1.75 亿 m³；设计供水量为 1.50 亿 m³；引水干渠设计流量为 20.00 m³/s。

3）东城水库。正常蓄水库容为 0.65 亿 m³；设计供水量为 0.49 亿 m³；引水干渠设计流量为 9.19 m³/s。

2 调度原则及关键问题

工程全线为明渠自流输水，沿程为农牧业供水，城市工业和生活供水由末端水库调蓄。渠道运行采用节制闸闸前常水位控制方式。工程引水时间为每年 4 月下旬至 10 月中旬，共计 183 天。

2.1 工程调度原则

（1）北引渠首兴利调度。北引渠首为有坝引水枢纽，闸坝上游蓄水量很少，没有调蓄调节能力，其兴利调度原则是调节泄洪闸，维持进水闸上游水位不超过北引总干渠正常引水位 176.20m。因此，当总干渠进水闸上水位超过 176.20m 时，开启主江道上泄洪闸，维持渠首水位在 176.20m；当总干渠进水闸上水位低于 176.20m 时，可逐渐关闭主江道上泄洪闸，根据北引渠首设计规模，维持单孔开度为 0.36m，可满足最小下泄流量 42m³/s 的河道环境用水要求。

北引总干渠最大引水流量为 114m³/s，引水流量可根据用水要求，通过调整进水闸门开启高度进行实时调度操作，满足调水要求。北引干渠引水流量占北引渠首来水流量的比例，一般控制在 10%～40%，枯水年不超过 50%，特枯年份不超过 60%。

（2）北引渠首洪水调度。北引渠首设计洪水标准为 50 年一遇，校核洪水标准为 200 年一遇。按照北引渠首修建应尽量减少对嫩江防洪及河势影响的原则，当发生设计标准洪水时，泄洪建筑物的泄洪能力应接近原河道的行洪能力。故当发生 50 年及其以上标准洪水时，泄洪闸全部打开自由泄流，当发生 50 年以下标准洪水时，可视水位上涨情况开启泄洪闸，维持正常引水位 176.20m，超过该水位则应加大泄流。

（3）北引渠首泄洪闸控制。泄洪闸闸门应尽量同时均匀对称开启，以保证消力池内流态稳定，并减小对下游河床的不均匀冲刷。如不能全部同时启闭，可分先后、按档次开启闸门，原则上应最先开启中间闸孔，而后对称、间隔地按同一开度逐次开启两侧的闸孔，待全部闸门开至同一高度后，再按同样方法，开启下一档高度。闸门关闭时与开门顺序相反。同时，严格控制始流条件下的闸门开度，避免闸门停留在振动较大的小开度区泄水。闸门开启时，应分级开启，严禁一次开闸到顶。

（4）北引总干渠。北引总干渠由进水闸从北引有坝渠首引水，输送至沿线的各个分水口，然后根据各分水口的位置、上下游关系、用水对象及用水量，从上往下逐个为各分水口分配水量，当来水比较充足时，按其设计用水量分水，当来水量较少时，按照各分水口用水比例控制分水，其余水量由北引总干渠输水至下游的各个分水口。由于北引渠首为有坝渠首，由进水闸控制，按照北引总干渠最大过流能力 114m³/s 控制输水。

（5）水库引水原则。水库引水原则是以总干渠相应引水口断面来水量系列和各水库需引水量的比例确定，考虑水库蓄水受枯水年的控制，灌溉期农业用水引水后过程的不均匀性，比例适当加大。

各水库引水比例分别为：大庆水库 40%，红旗干渠为 80%，东城与红旗泡分水比例为 28% 与 72%。

分水原则即采用上述分水比例，当分水流量小于相应水库干渠规模时，按计算分水流量分水，当分水流量大于干渠规模时，按干渠规模引水。

（6）城市、农业引供水原则。在非灌溉期，引供水主要是充蓄各水库，在灌溉期，以水库水位作为控制，当库水位处于控制水位以上时，各业正常引供水；当库水位处于控制水位以下时，农业用水破坏，以城市供水为主。

（7）引供水过程。各水库进水时间与总干渠引水时间相同，即从 4 月下旬开始至 5 月上旬引水全部入库，5 月上旬开始总干渠引水流量首先供给沿线农牧业用水，其次按上述分析的各水库分水比例和干渠的引水能力向水库进水，水库蓄水后的余水量再供给各区的渔业和湿地。

水库的调节周期为 10 月下旬引水期末蓄满至兴利水位，至次年 4 月中旬为冬季供水期，城市用水全部由水库供给；4 月下旬至 10 月中旬为蓄水供水期，即发挥水库调节作用与农业用水错峰，有水则蓄，无水则供，至 8 月下旬末农业用水结束，水库则进入以蓄水为主的时期，直到引水期末蓄满为止。

2.2 调度关键问题分析

（1）渠首枢纽闸的联调联控。尼尔基水库出流是北引干渠的主要水源，北引渠首闸位于尼尔基坝下 28km 处，来水传播时间约为 8h。尼尔基水库与渠首之间为自然河道，无调蓄能力，渠首引水水头主要由设在渠首处嫩江干流上的 12 孔泄洪闸实现调节。尼尔基水库是以发电为主的枢纽工程，正常情况下每日下午 4 时发电，工作 4～6h 不等，水库出流量变化较大，导致渠首泄洪闸频繁启闭，进水闸前水位变幅过大，渠道过水流量不稳定，造成泄洪闸过度损耗、对引水渠堤产生不利影响，如遇短历时发电，导致引水闸无法引水，直接降低引供水保证率。

（2）农牧业用水与城市供水的错峰联调。为了节省工程投资，北引干渠采用农牧业用水与城市供水的错峰设计，农忙时以灌区供水为主，其他时间尽可能向水库蓄水。北引干渠工程处于高寒地区，在冬季到来之前停止引水，在满足蓄水的条件下尽可能早地结束引水，为渠道冬季维护留足时间，以延长工程的使用年限。

（3）农业灌溉用水即将迎来需水高峰。北部引嫩干渠扩建工程之前灌区农田灌溉面积为 20 万亩，工程扩建后，干渠引水能力增强、灌区引灌能力加大，加之北引工程所处的黑龙江省西部嫩江左岸平原区已经列入国家《全国新增 1000 亿斤粮食生产能力规划（2009—2020）》，灌溉面积将会出现快速增长的势头，对农牧业用水与城市供水的错峰调度提出了更高的要求。

（4）农田灌溉需水的不确定性。农田需水受种植作物的种类、农时、天气条件的影响，在一定天气条件下，不同作物不同农时的灌区灌溉需水量不同。目前，分水闸分水流量的大小主要由调度员根据经验确定，灌区需水量主要依据灌区设计值确定。确定农田灌溉需水量，需要增加天气条件并考虑不同的农时，需要在灌区设计值的基础上实现逐日实时调度，解决不确定性问题。

3 渠首工程引水调度控制

渠首工程引水调度作业采用七日滚动预调度与当日实时调度相结合的作业模式，逐日滚动作业实现工程调度控制。

3.1 调度模型构建

渠首工程调度的关键是尼尔基水利枢纽未来七日发电作业下泄流量过程预测和泄洪闸前水位的推求。为此，把泄洪闸前回水区域抽象为虚拟水库，可把调度问题概化为具有一个入流两个出流的水库多目标规划问题。

3.2 调度模型计算过程

（1）七日来水预测。根据尼尔基枢纽年度水量调度计划制定逐旬发电日流量，考虑未来天气预报，预测虚拟水库未来七日逐时入库流量过程。

（2）调度目标。在给定来水过程的条件下：①通过设置进水闸闸上水位 176.20m 上下浮动区间，尽可能减少泄洪闸的升降次数；②通过设置进水闸下水位变幅，尽可能保持平稳的引水流量以利渠道工程安全；③渠首进水闸日引水量最大化。

（3）多目标规划。根据调度目标，构建多目标线性规划优化模型，寻求同时满足泄洪闸启闭次数少和进水闸变幅小的条件下引水量的最优解。

4 干渠工程供水调度控制

4.1 调度模型构建

北引工程干渠全长 242.63km，沿程分布 9 处灌区分水闸和 114 个倒虹吸、水泵取水口门。工程调度的关键是在给定渠首进水闸引水流量过程条件下，通过灌区灌溉需水量及分水闸分水流量预测、沿程虹吸管和水泵取水量预测，优化沿程水量分配方案，推求干渠渠道节制闸闸前水位过程。

4.2 调度模型计算过程

（1）需水流量预测。目前，农业灌溉需水量由两部分组成：灌区分水闸取水、倒虹吸水泵取水。

灌区分水闸取水，水量由灌区农田灌溉需水模型预测田间灌溉水深，然后由灌区渠系演算模型获得分水闸流量。

倒虹吸水泵取水，由当年水稻种植面积，结合灌区田间灌溉水深预测值，估算倒虹吸水泵取水流量。

（2）调度目标。在给定渠首进水闸七日引水流量过程的条件下：①农田灌溉季节，优先满足灌溉需水，剩余水量进入水库；②渠首进水闸引水过程不能满足灌溉需水时，按规则减少供水；③遇特大干旱影响城市及工业用水时，优先城市及工业供水；④生态补水按照事先设定水量供水。

（3）渠道一维水动力学模型演算。根据灌溉需水预测值，设定灌溉供水流量，基于渠首来水过程从进水闸下断面至红旗泡水库入库断面进行水动力学演算，获得各调度节点断面的流量和水位过程。

（4）多目标规划。在给定渠首来水条件下，加大或减小调度节点灌溉供水流量，通过多目标规划优化供水过程，满足调度目标，此时，各调度节点的渠道水位过程即为该调度节点目标指令。

5 结束语

北部引嫩工程位于尼尔基枢纽下游 28km 处，通过拦江泄洪闸调节渠首进水闸闸上水位，调蓄能力很小，在实际调度中不得不频繁地升降泄洪闸，给工程安全埋下重大隐患；同时，引水受尼尔基水库发电放水控制，引供水调度存在复杂不确定性；农田灌溉用水期间，从渠首闸引水输送到灌区分水闸一般需要 3～5 天的时间，农田灌溉受天气影响较大，同样存在很大的不确定性，往往由于天气原因造成进水闸过多引水，时常导致弃水，成为北引工程调度的难题。

北引工程综合自动化系统建设期间，设计开发了引供水调度作业系统，针对渠首泄洪闸和进水闸的调度难题，研发了渠首枢纽实时联调联控模型，大大减少了泄洪闸的启闭次数；针对农田灌溉用水中受天气因素影响导致弃水的问题，研发了考虑天气预报的灌区田间灌溉需水模型和灌区分水闸分水流量演算模型，实现了灌区田间灌溉需水预测，大大增强了引供水调度的预见期，提高了水资源的利用率。北引工程引供水综合调度研究成果，在工程运行管理中发挥了重要作用。

参考文献

［1］ 高媛媛，姚建文，陈桂芳，等. 我国调水工程的现状与展望［J］. 中国水利，2018，49（4）：49-51.

［2］ 杨铁树，贾改卿，张同生. 大型引调水工程自动化系统设计综述［J］. 水科学与工程技术，2013（4）：73-76.

［3］ 侯召成，翟宜峰. 南水北调中线干线自动化调度系统总体框架设计［J］. 水利信息化，2010（1）：40-45.

［4］ 王银堂，胡四一，周全林. 南水北调中线工程水量优化调度研究［J］. 水科学进展，2001，12（1）：72-80.

［5］ 王浩，雷晓辉，尚毅梓. 南水北调中线工程智能调控与应急调度关键技术［J］. 南水北调与水利科技，2017，15（2）：1-8.

［6］ 刘晓臣，张振光. 北引工程供水自动监控系统及管理数据库建设［J］. 黑龙江水利科技，2003（2）：76-76.

［7］ 张振光. 北引工程供水自动化监控系统计算机网络建设综述［J］. 黑龙江水利科技，2004（2）：66-67.

［8］ 田英，袁勇，张越，等. 水利工程智慧化运行管理探析［J］. 人民长江，2021，52（3）：214-218.

［9］ 仲志余，邹强，王学敏，等. 长江上游梯级水库群多目标联合调度技术研究［J］. 人民长江，2022，53（2）：12-18.

［10］ 肖瑜，罗军刚，燕军乐. 引汉济渭工程黄金峡水库多目标调度模拟研究［J］. 人民黄河，2021，43（7）：141-144.

［11］ 郭玉雪，张劲松，郑在洲，等. 南水北调东线工程江苏段多目标优化调度研究［J］. 水利学报，2018，49（11）：1313-1327.

［12］ 黄艳，喻杉，罗斌，等. 面向流域水工程防灾联合智能调度的数字孪生长江探索［J］. 水利学报，2022，53（3）：253-269.

［13］ 姜晓菁，姜绿圃，王博，等. 长距离引水工程突发事件应急响应决策方法研究［J］. 人民黄河，2021，43（12）：109-114.

［14］ 朱富春. 调水工程水量调度系统应用研究［J］. 水电能源科学，2010，28（9）：129-130.

［15］ 温忠辉，张刚，鲁程鹏，等. 基于作物需水的灌溉用水量核算方法及应用［J］. 南水北调与水利科技，2015，13（2）：370-373.

智慧水力学及在长距离输水调度中应用的思考

刘宪亮[1,2]　　陈晓楠[1]　　许新勇[2]　　罗全胜[3]　　靳燕国[1]　　卢明龙[1]

(1. 中国南水北调集团中线有限公司，北京　100038；

2. 华北水利水电大学，郑州　450046；

3. 黄河水利职业技术学院，开封　475000)

摘　要：传统水力学以简化、假设和模型试验为前提，在实际应用中存在着丢失大量水力状态信息、工程边界信息、建筑材料信息等，且难以有效应对水力参数的实时动态变化，实际计算中误差较大并在迭代中不断积累，导致计算结果精度不理想。针对传统水力学的不足，在总结数据挖掘技术在水力学研究应用成果的基础上，以工程实际全息原型数据和人工智能算法为核心，尝试性提出了智慧水力学概念，分析其内涵，并探讨数据结合机理驱动下的水力推演理论和方法。通过把实际工程视为1∶1原型，充分利用原型全息大数据，构建工程独有的描述各类水力规律的智能非线性模型，并在数据驱动下自适应更新完善，为数字孪生工程建设提供支撑。以南水北调中线工程为典型，探索了采用智慧水力学理论指导长距离调水工程的精准调度控制。本研究对提高长距离调水工程经济和社会效益具有重要现实意义和广泛应用前景。

关键词：长距离调水工程；南水北调；数字孪生；数据挖掘；智慧水力学

1　概述

水是生命之源、生产之要、生态之基[1-2]。近些年来我国经济迅速发展，对水资源的需求迅速增加，水资源短缺问题日益突出。同时，我国水资源的时空分布不均匀，水资源与土地资源分布不匹配，经济社会发展与水资源分布也不相适应[3]。跨流域调水工程是应对水资源空间分布不均的重要措施。南水北调工程作为典型的长距离调水工程，是缓解我国北方水资源危机的国家重大战略性基础设施工程[4-5]，截至2022年10月底已累计调水500亿 m^3，1.4亿人口受益，发挥出巨大的社会、经济、生态环境综合效益[6]。

智慧水利是水利高质量发展的显著标志，其应用新一代信息技术于水利业务之中，深度结合水利知识，强化"预报、预警、预演、预案"功能，实现水问题有效解决和治水目

作者简介：刘宪亮（1960—　），男，山西绛县人，教授，博导，博士，从事长距离输水调度、水利工程结构分析等方面的研究。

通信作者：陈晓楠（1979—　），男，河北沙河人，正高级工程师，博士，从事水资源管理、长距离输水调度等方面的研究。

标。智慧水利的显著标志是实现数字孪生流域和数字孪生水利工程。智慧调度是长距离输水调度高质量发展的体现[7]。输水调度作为长距离调水工程运行的核心业务，基于水力学理论方法实现安全、平稳供水。从水资源的保护、水利工程规划到水利工程设计，传统水力学发挥了不可替代的作用。特别是在规划设计阶段，传统水力学取得的规律性成果和结论是被广泛认可的。但传统水力学以简化、假设和模型实验为前提，是近似水力学。工程建成后水力学计算结果往往与工程实际监测结果相差较大[8-10]，甚至不能有效地支撑工程运行。对于大型跨流域调水工程，如南水北调中线工程，全线长度 1432km，自流输水，沿线无调蓄水库，建筑物种类复杂、数量众多、运行控制边界条件复杂、约束条件繁多，运行过程中的复杂水力现象对传统水力学提出了巨大挑战[11]。

我国水利工程的水力学参数的监测与采集已基本实现自动化。工程的长期运行已积累了海量的水力要素大数据，其中包括结构尺寸信息、水力状态信息、气温自然信息等[12]。但目前针对实际工程的水力学问题研究，人们更擅长采用以假设和简化为前提的传统模型实验方法，这造成实际工程产生的海量原型全息数据被白白浪费，使得人工智能技术很难有所作为。传统水力学的计算结果与实际监测数据相差较大，甚至描述的水力状态与实际相比，也存在着规律性的差异，无法满足精准、智能调度需要。因此研究长距离调水的精准、智能调度，必须解决水力学的瓶颈问题[13-14]。改善传统水力学，建立智慧水力学，是一个亟待解决的课题。

以人工智能、数据挖掘科学技术为代表的新一代信息科学为采用全信息、原型数据求解水力学提供强大的科学支撑，使得智慧水力学的实现成为可能。智慧水力学将从根本上抛弃简化、假设和模型实验，采用人工智能方法，应用全息原型大数据，实现水力学基本方程的精确求解[15]。智慧水力学理论方法的建立，不仅是对水力学理论方法的拓展与完善，而且突破了长距离调水工程智能调度的瓶颈，为长距离调水工程智能调度理论方法的研究奠定科学基础[16]。采用智慧水力学理论指导长距离调水工程的智能调度，实现精准控制，将极大提高长距离调水工程经济效益和社会效益，以及工程运行安全可靠性，具有重要的现实意义和广泛的应用前景[17]。以智慧水力学理论方法和研究成果为基础，构建长距离调水工程智能调度理论方法，并实现长距离调水工程的智能调度，是十分必要和迫切需要的[18]。

综上，本文以传统水力学三大基本方程为基础，采用人工智能算法和机器学习方法，挖掘数据规律，建立智慧水力学理论，提出智慧水力学的概念和方法，分析其内涵，构建智慧水力学核心公式，形成智慧水力学框架体系，并以南水北调中线工程为研究对象，进行输水典型工况的分析计算和智慧水力理论方法的初步应用。

2　智慧水力学概念、内涵及其理论方法研究

2.1　智慧水力学概念和内涵

水力学是研究以水为代表的液体的宏观机械运动规律，及其在工程技术中的应用。尝试性提出智慧水力学是基于工程实际原型全息大数据和现代人工智能技术双重驱动，研究液体的机械运动规律，并为工程建立专属的自适应水力模型，满足工程实际精准运行的要求。与传统水力学相比，智慧水力学具有以下内涵和特点：

（1）智慧水力学是传统水力学的拓展。传统水力学基于物理定律，运用严密的数学工具建立流体运动的基本方程，通过大量模型试验对水力参数进行近似计算，建立相关经验公式。智慧水力学仍在遵循经典力学客观规律基础上，以工程实体作为 1∶1 原型试验，充分利用实际全息数据构建水力学模型，精准模拟实际工程特定条件下的水力特性。当按照传统水力学方法假设、简化或缩放，并且不考虑演算和智慧推演过程带来的残差，智慧水力学将回归传统水力学。

（2）智慧水力学是多学科的融合。智慧水力学继承传统水力学基本原理和运动方程，并借助现代信息处理技术和人工智能方法作为有效分析手段，是经典力学与人工智能、机器学习、大数据技术、数据挖掘技术和数据驱动技术等的有机融合。以数据和智能为双重驱动，对工程运行中的大数据进行分析，挖掘规律，准确反演，通过传统水力学的机理分析结合现代智能技术的数据分析，提高拟合精度和泛化能力，对工程在实际复杂的边界条件下运行规律精准仿真。

（3）智慧水力学建立的水力模型具有自适应特点。智慧水力学基于大数据分析，利用现代数据挖掘技术可实现根据数据自动构建非线性回归模型的功能，并随着数据的不断更新和丰富，自适应调整模型结构，可避免传统水力学方法需不断进行参数率定的不便，模型能不断在数据驱动下自我完善，不断提高计算的准确性和可靠性。

（4）智慧水力学为工程实际"量身定制"水力模型。智慧水力学以实际工程的原型数据为基础，完全针对实际工程本身，形成满足自身运行特点和边界条件的各类水力特性模型。以南水北调中线工程为例，工程建设完成，不再改造条件下，工程参数基本固定，针对 64 座节制闸、61 座控制闸、97 座分水口、54 座退水闸分别根据运行数据建立过闸流量模型，构建每个建筑物专有的水力模型。智慧水力学方法完全对应具体实际工程，得到针对真实运行情况下的各类规律，避免传统水力学近似分析因大量信息丢失造成的误差。

2.2 智慧水力学理论方法研究

传统水力学方程为

$$q = f(\boldsymbol{x}) \tag{1}$$

式中：q 为传统水力学求解目标；$\boldsymbol{x}$ 为传统水力学参数，$\boldsymbol{x} = [x_1, x_2, \cdots, x_n]$。

全息智慧水力学方程表达形式如下：

$$Q = F(\boldsymbol{X}, \boldsymbol{T}) + \varepsilon \tag{2}$$

式中：Q 为智慧水力学求解目标；F 为充分考虑水力特性和几何参数的全信息函数；ε 为残差。

其中，$\boldsymbol{X} = [X_1, X_2, \cdots, X_n]$，与式（1）中的参数一一对应；$\boldsymbol{T} = [T_1, T_2, \cdots, T_i]$ 为全信息水力状态向量，表示和时间密切相关的环境信息。

对比式（1）和式（2）可发现，当 $T = 0$、$\varepsilon = 0$ 时，有 $Q = q$，$f(x) = F(\boldsymbol{X}, 0)$。

由此可见，如果按照传统水力学方法假设、简化或缩放，不考虑演算和智慧推演过程带来的残差，智慧水力学将回归传统水力学，即传统水力学可视为智慧水力学的一种特例。同时，可以发现智慧水力学方程建立在无假设、无简化、无缩放的基础上，并通过 ε 项对智慧推演过程中所带来的残差进行弥补，其结果必将更贴近工程实际。特别是智慧水力学基础数据源自原型工程监测，其计算结果用于指导原工程运行，必将取得令人满意的效果。智慧水力学将为实现长距离调水工程的精准、智慧调度提供科学支撑。

3 长距离调水工程智能调度理论方法研究

长距离调水工程运行调度可归纳为多目标多级联动动态控制系统，求解该动态控制系统即为实现智慧水力学的过程。长距离调水工程输水调度的控制逻辑关系如图 1 所示。

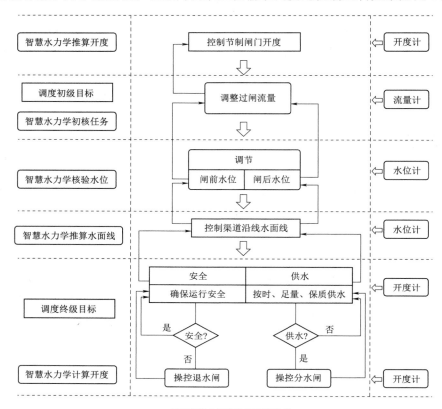

长距离输水调度控制逻辑关系
（正常调度、汛期调度、冰期调度）

图 1 长距离调水工程输水调度的控制逻辑关系

以全息原型大数据为基础，以智慧水力学为理论支撑，以数据和智能双重驱动的智慧推演方法为手段，构建长距离调水工程智能调度理论方法。调度过程中，闸门开度作为决策变量，是问题求解的关键。多目标多级联动动态控制系统的智慧调度数学模型求解的基本原理示意如下：

$$Q = F(E) \tag{3}$$

式中：E 为决策变量，是 n 维函数向量；Q 为目标函数，是 k 维函数向量。

$$Q = F(E) = \begin{pmatrix} \max(\min) f_1(E) \\ \max(\min) f_2(E) \\ \vdots \\ \max(\min) f_k(E) \end{pmatrix} \tag{4}$$

$$\boldsymbol{\Phi}(\boldsymbol{E}) = \begin{bmatrix} \varphi_1(\boldsymbol{E}) \\ \varphi_2(\boldsymbol{E}) \\ \vdots \\ \varphi_m(\boldsymbol{E}) \end{bmatrix} \tag{5}$$

式中：$\boldsymbol{\Phi}(\boldsymbol{E})$ 为约束函数，是 m 维函数向量。

$$\max(\min)\boldsymbol{Q} = F(\boldsymbol{E}) \tag{6}$$

$$s.t. \ \boldsymbol{G}_1 \leqslant \boldsymbol{\Phi}(\boldsymbol{E}) \leqslant \boldsymbol{G}_h \tag{7}$$

式中：$\boldsymbol{G}_1$ 为约束常量，保障供水的最低水位，是 m 维常数向量；$\boldsymbol{G}_h$ 为约束常量，保障工程安全的最高水位，是 m 维常数向量。

式（6）和式（7）构成的数学模型表示由 k 个目标函数、n 个决策变量 E_i、m 个约束方程组成的多目标多级联动的动态控制系统。式中：

$$\boldsymbol{E} = F^{-1}(\boldsymbol{Q}) = \begin{bmatrix} E_1 \\ E_2 \\ \vdots \\ E_n \end{bmatrix} \tag{8}$$

$$\boldsymbol{G}_1 = \begin{bmatrix} g_{l1} \\ g_{l2} \\ \vdots \\ g_{lm} \end{bmatrix} \tag{9}$$

$$\boldsymbol{G}_h = \begin{bmatrix} g_{h1} \\ g_{h2} \\ \vdots \\ g_{hm} \end{bmatrix} \tag{10}$$

4 数据挖掘技术在中线输水调度的初步应用

应用数据挖掘技术等人工智能手段研究水力要素的相关规律，以南水北调中线工程为例，初步探讨数据和智能双重驱动在输水调度应用的可行性和有效性。前期研究中，分别基于信息扩散径向基神经网络方法、遗传程序建立多元非线性回归模型。下面以磁河节制闸为例应用于过闸流量计算，以黄金河倒虹吸节制闸至草墩河渡槽节制闸之间渠段作为研究渠段进行水面线计算[19]。

4.1 基于信息扩散径向基神经网络的过闸流量计算

对于节制闸，其闸室宽度固定，综合流量系数（流量系数与淹没系数乘积）M 是闸门开度、闸前水深、闸后水深的函数。

$$M = \frac{Q}{be\sqrt{2gH}} \tag{11}$$

式中：Q 为过闸流量，$\mathrm{m^3/s}$；b 为闸门底宽，m；e 为闸门开度，m；H 为闸前水深，m；g 为重力加速度，$\mathrm{m/s^2}$。

将闸前水深、闸后水深以及闸门开度的数据经信息扩散技术处理，并进行归一化，之后利用径向基神经网络，建立处理后的水力要素与相应综合流量系数之间的非线性关系。网络训练完成后，根据已知的闸前水深、闸后水深、闸门开度值，经同样方法信息扩散后，带入网络模型，推算出综合流量系数，按下式计算过闸流量：

$$Q = Mbe\sqrt{2gH} \tag{12}$$

利用选定的样本数据进行信息扩散径向基神经网络训练，并利用检验样本数据进行效果分析，结果见表 1。通过 10 个样本进行检验，信息扩散径向基神经网络、传统水力学方法以及常用的 BP 神经网络计算得出相对误差的平均值分别为 5.74%、20.85% 和 27.75%。相对误差在 5% 以内的比例，三种方法分别为 70%，10% 和 10%。信息扩散径向基神经网络效果明显优于其他两种方法，能取得较好的拟合和推演结果；BP 神经网络与水力学方法计算相比较，如果根据第 3、4、5、6、8、9 组数据进行分析，两种方法的相对误差分别为 5.33% 和 27.24%，BP 神经网络计算精度明显高于水力学方法（信息扩散径向基神经网络为 1.58%，精度仍是三种方法最高），但第 1、2、7、10 组数据神经网络计算偏差较大。这是由于上述测试样本的输入与训练样本集的输入范围相差较大，说明 BP 神经网络虽然拟合效果好，但泛化能力不高。

表 1   各类方法过闸流量计算结果对比表

序号	实测流量 /(m³/s)	信息扩散径向基神经网络		传统水力学		BP 神经网络	
		计算流量 /(m³/s)	相对误差 /%	计算流量 /(m³/s)	相对误差 /%	计算流量 /(m³/s)	相对误差 /%
1	5.33	4.64	23.15	4.90	8.07	11.81	121.58
2	8.57	8.07	13.65	8.85	3.27	13.34	55.66
3	27.89	28.98	3.05	36.50	30.87	26.48	5.06
4	28.23	28.81	1.66	36.08	27.81	26.49	6.16
5	28.13	28.86	2.09	36.18	28.62	26.48	5.87
6	25.76	26.04	0.06	32.29	25.35	24.20	6.06
7	59.16	67.31	11.01	74.22	25.46	83.11	40.48
8	23.21	24.33	1.82	29.96	29.08	22.91	1.29
9	56.84	56.28	0.79	69.19	21.73	61.13	7.55
10	47.56	36.13	0.17	43.63	8.26	34.35	27.78

4.2 基于遗传程序的渠段水面线分析

当渠段内无分水时，可将渠段的下游水位、当前渠段的输水流量作为自变量，渠段上游水位作为因变量，利用遗传程序自动寻找最优非线性拟合函数。根据给定的渠段下游水位、输水流量得出最终的计算渠段上游闸后水位。对于渠段有分水的情况，由于分水前后输水流量不同，对在分水处安装水位计的部分，可将渠段分成若干子渠段分别进行计算，对不均具备条件的，将各分水口分水流量也作为输入因子，利用遗传程序进行回归分析。

根据训练样本，利用遗传程序得出回归方程为 $y = \text{arccot}(x_2 + 0.0001) \times (x_1 / 0.8746309)^2 - (x_2 - 0.0907557) \times \text{arccot}(-0.8911097)$。利用实测样本对模型效果进行

检验，见表 2。

表 2   检验样本计算表

序号	实测上游闸后水位/m	实测下游闸前水位/m	实测输水流量/(m³/s)	计算上游水位/m	误差绝对值/m
1	135.950	135.815	82.83	135.924	0.026
2	135.880	135.660	99.52	135.930	0.050
3	136.015	135.825	96.96	135.989	0.026
4	135.985	135.805	95.72	135.969	0.016
5	136.000	135.720	119.76	136.026	0.026
6	136.020	135.735	120.43	136.034	0.014
7	136.160	135.685	145.33	136.124	0.036
8	136.150	135.700	147.33	136.135	0.015
9	136.200	135.835	147.07	136.197	0.003
10	136.710	136.010	224.44	136.661	0.049

根据表 2 的计算结果，最大误差 5 cm，最小的误差仅 3 mm，可满足实际需要，实例表明遗传程序具有很好的拟合效果。

5　结论

南水北调中线工程的智能调度问题一开始就是备受世人关注的研究课题，但是运行 8 年之久，智能调度的设计目标至今仍然无法实现。制约长距离调水工程智能调度的主要科学瓶颈问题：一是水力学研究方法创新动力不足；二是传统水力学计算结果精度偏低；三是多目标多级联动的动态控制系统的控制理论不完善。针对上述问题，本文提出了基于数据和智能双重驱动的智慧水力学概念，并深入分析其内涵和特点，构建了智慧水力学理论框架，基于充分利用实际工程全息原型大数据的思想，拓展传统水力学，建立智慧水力学，为保证水力学的计算精度提供了理论方法。以智慧水力学为基础，以智慧推演为手段，提出了长距离输水调度理论方法，并以南水北调中线工程为例，初步尝试了智慧输水调度的相关研究，为实现长距离调水工程的智能调度奠定理论和技术基础。

参考文献

[1] 赵承，姚润丰. 奏响全面加快水利改革发展新号角：水利部部长陈雷解析 2011 年中央一号文件[J]. 水利建设与管理，2011，31（2）：7-9.

[2] 王浩，贾仰文. 变化中的流域"自然-社会"二元水循环理论与研究方法[J]. 水利学报，2016，47（10）：1219-26.

[3] 王浩，游进军. 中国水资源配置 30 年[J]. 水利学报，2016，47（3）：265-71.

[4] 刘宪亮. 南水北调中线工程在华北地下水超采综合治理中的作用及建议[J]. 中国水利，2020（13），31-32.

[5] 陈晓楠，段春青，崔晓峰，等. 基于可变云模型的南水北调中线供水效益综合评价探析[J] 华北水利水电大学学报（自然科学版），2019，40（3）：32-38.

［6］ Long D，Yang W，Scanlon B R，et al. South‐to‐North Water Diversion stabilizing Beijing's groundwater levels ［J］. Nature communications，2020，11：3665.

［7］ 陈晓楠，靳燕国，许新勇，等. 南水北调中线干线智慧输水调度的思考 ［J/OL］. 河海大学学报（自然科学版）：1‐11 ［2023‐05‐08］.

［8］ 侯冬梅，王才欢，刘毅. 调水工程输水渠道堰闸流量计算方法探讨 ［J］. 长江科学院院报，2013，30（8）：79‐83.

［9］ 王艺霖，靳燕国，陈晓楠，等. LSTM 神经网络和量纲分析法在弧形闸门过流计算中的对比 ［J］. 南水北调与水利科技（中英文），2022，20（3）：590‐599.

［10］ 崔巍，吴鑫，陈文学，等. 大型渠道弧形闸门过流公式测试比较 ［J］. 灌溉排水学报，2022，41（1）：141‐146.

［11］ 丁志良，王长德，王玲. 大型调水工程自动化运行控制数值仿真研究 ［J］. 东北农业大学学报，2010，41（9）：122‐7.

［12］ 魏明华，邱林，陈晓楠，等. 基于智能技术的水库防洪实时调度及风险分析研究 ［M］. 北京：中国水利水电出版社，2014.

［13］ 曹玉升，畅建霞，陈晓楠，等. 南水北调中线输水调度控制模型改进研究 ［J］. 水力发电学报，2016，35（6）：95‐101.

［14］ 刘宪亮. 区域水资源高效利用与优化调度研究 ［M］. 北京：中国电力出版社，2017.

［15］ Ali F H，Bandi S. Associations between Building Information Modelling （BIM） data and big data attributes ［J］. American scientific research journal for engineering，technology and sciences （ASRI‐ETS），2021，76（1）：11.

［16］ 游进军，林鹏飞，王静，等. 跨流域调水工程水量配置与调度耦合方法研究 ［J］. 水利水电技术，2018，49（1）：16‐22.

［17］ Ichsan M，Prasetya A E. Fuzzy logic and simple additive weighting implementation on river flow controlling system ［J］. Journal of physics：conference series，2021，1789（1）：012006.

［18］ Ye B，Jiang J，Liu J. Feasibility of coupling PV system with long‐distance water transfer：A case study of china's "South‐to‐North water diversion" ［J］. Resources，conservation and recycling，2021，164：105194.

［19］ 陈晓楠，赵慧，陈海涛，等. 数据挖掘技术在南水北调中线水力要素分析中的应用 ［C］//调水工程关键技术与水资源管理——中国水利学会调水专业委员会第二届青年论坛论文集. 郑州：黄河水利出版社，2020：94‐104.

大型引调水工程经济分析系统开发及应用

王占海　何　梁　韩运红　陈昊荣

（中水珠江规划勘测设计有限公司，广州　510610）

摘　要： 通过分析研究大型引调水工程经济分析中的关键技术问题，采用 PHP、HTML5、JavaScript 等编程语言和 MySQL 数据库等工具，基于 Web 形式开发大型引调水工程经济分析系统，并应用到实际工程设计中。经研究分析，该系统具有界面良好、操作简便、协同性强、成果可靠、数据兼容性好等特点，可解决引调水工程系统复杂、初期达产率不确定和资金筹措方案复杂等问题，可全面地对建设项目进行经济评价分析，具有较好的应用和推广价值。

关键词： 引调水工程；经济分析；初期达产率；水价；系统开发

1　研究背景

水利工程经济分析对合理评价工程建设的必要性和合理性十分重要。过去多以手工计算为主，随着计算机软硬件水平的提高和国家、行业新要求的不断提出，谷红梅等[1] 基于 Visual Basic 6.0 研制了水利工程投资与效益评价软件，杨赞锋等[2] 采用 Delphi 和 Access 对水利水电工程项目经济评价系统进行研究。作为跨流域、跨区域的长距离大型引调水工程，其经济分析存在供水范围广、水资源配置系统复杂、初期达产率不确定、与水价相关的资金筹措方案多等问题，已有评价分析软件或系统已难以适用此类工程。基于大型引调水工程特点，本文提出针对此类工程系统开发的总体设计方案，研究了工程经济分析关键技术问题，研发了经济分析系统，为长距离引调水工程经济分析提供便捷手段和科学依据。

2　开发原则、平台和关键技术问题

2.1　原则和依据

（1）开发原则。主要针对大型引调水工程进行经济分析系统开发，开发的基本原则要符合国家的宏观经济政策、财税制度[3]，以及国家水网建设的相关要求；符合流域、水利专业、专项规划等的有关要求，适应引调水工程特点和水利行业相关规范；系统操作简便，计算成果合理，满足可靠性的要求，并便于推广。

作者（通信作者）简介：王占海（1983— ），男，秦皇岛人，硕士，高级工程师，主要从事水利规划设计研究方面的工作。E-mail：278263440@qq.com。通信地址：广州市天河区沾益直街 19 号中水珠江设计大厦 710 房。邮编：510610。

（2）开发依据。主要依据国家发展改革委员会、建设部《建设项目经济评价方法与参数》（第三版），水利部《水利建设项目经济评价规范》（SL 72—2013）及其他有关建设项目经济评价方面的政策、规范、规定等。

2.2 开发平台

结合新形势要求，充分贯彻"需求牵引、应用至上、数字赋能、提升能力"的智慧水利建设总体要求，为实现协同操作，便于数据交换、共享，且系统具有较好的稳定性和可维护性，采用 Web 形式开发，开发平台为浏览器，数据库采用 MySQL 5.7，开发的语言采用适用于网络程序的 PHP、HTML5、JavaScript 等。

2.3 系统特点

（1）协同性强。以 Web 形式开发，数据库和程序安装在服务器端，用户用 IP 地址通过浏览器登录系统，可实现协同操作，便于数据和计算成果共享。

（2）人机对话界面友好。利用各种登录框、输入框、按钮、文本框、提示框、帮助文档等实现人机对话。

（3）通用性强。主要适用大型引调水库工程，可通过修改输入参数等方式，也可供灌区、供水等水资源利用工程的经济分析使用。

（4）安全性高。通过账号、密码形式登录，为不同用户设置不同权限。

（5）灵活性好。通过界面可方便实现参数的输入、增加、删除、修改等操作。

（6）计算成果可靠、展示直观。界面中直观展示数据和图形，便于用户判断计算成果的合理性。

（7）数据兼容好。可以输出 Excel 标准报表形式，方便成果打印及成果整理至报告中。

（8）可扩展性好。采用模块化编程，可结合新形势新要求增加模块，以实现软件的维护和扩展。

3 系统总体设计

为提高系统构建的效率，系统总体设计采用三层结构[4]，即数据层、逻辑层和界面层分开设计。底层核心数据库层采用 MySQL，即所需要的参数、结果等均存储于数据库中。后端逻辑层采用解释性的脚本语言 PHP 编写的业务处理程序和模块，包括数据处理、系统操作、平台管理、经济分析核心计算模块等。前端界面层采用 HTML5 和 JavaScript 语言开发，统筹系统的逻辑层和数据层交互与操作，实现输入、导出、增加、删除、修改、查询等数据及调用经济分析计算模块等操作。系统总体设计[4] 见图 1。

（1）数据层数据库设计。定义经济分析输入、输出、系统操作等相关的数据类型、名称、数值等数据结构。

（2）逻辑层功能模块设计。采用模块化编程形式，实现经济分析计算平台的各种功能，功能模块有项目管理、参数处理、拓扑关系、分析计算、成果显示、报表生成、帮助文档模块。其中，项目管理模块可完成项目新建、登录、退出、保存等操作功能；参数处理模块可完成参数的输入、增加、删除、修改、查询等功能；拓扑关系模块可构建复杂的跨流域、跨行政区、多用户、多水源的拓扑关系；分析计算模块可实现国民经济评价、资金筹措方案、财务评价等核心计算功能；成果显示模块可将计算主要成果、图形显示在Web网页中；报表生成模块可将可生成国民经济评价、财务评价、资金筹措方案等 10 张规范的 Excel 报表；帮助文档模块有系统操作说明等文档。

（3）界面设计。按照系统安全可靠、人机交互便捷、页面清晰规范、便于耦合数据层和逻辑操等原则，编程设计实现用户登录界面（包含用户名、密码的验证）、各种输入框、提示框、文本框、功能按钮及页面成果展示等功能。

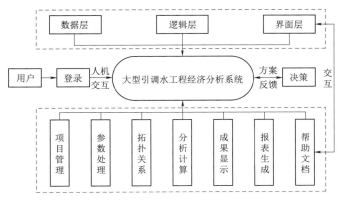

图 1　系统总体设计流程图

4　核心计算功能模块设计

4.1　关键技术问题

（1）复杂对象拓扑关系建立。相对于其他水利工程，引调水工程为长距离输水的线性工程，涉及水源、工程、对象、用户多维度的关系，采用拓扑结构反映此复杂关系[5]。建立外调水与本地水的水源节点，引调水工程与本地工程的工程节点，不同行政区的供水、灌溉用户的对象节点，通过拓扑结构关系文件反映节点间关系。这样，通过编程遍历到每个节点供水量、水价等相关指标，从而计算各分区的效益和费用。

（2）初期达产率不确定分析。水利工程因需要骨干工程和配套工程的配合才能充分发挥供水效益，达产率相对较慢，尤其长距离引调水工程因规模大、线路长、供水范围广，初期达产率更存在一定不确定性，对投融资方案有较大影响。因此，考虑地区配套工程建设情况、水资源需求、水价不确定性等因素，拟定不同初期达产率，构建线性、趋势等水量预测模型，按照不同水平年，通过编程分析初期达产率对资金筹措方案的影响。

（3）与资金筹措方案相适应的水价分析。引调水工程投资大，资金来源有国家、地方政府、其他投资部门及银行等主体，水价可直接影响工程贷款能力测算，进而对资金筹措方案有较大影响。相对于其他水利工程对水价分析，引调水工程需要在合理分析各受水区现状水价情况、设计水平年水价承受能力、成本费用的综合考虑基础上，进一步对两部制水价等进行多方案比选，以合理确定投资融资方案。引调水工程需要统筹流域、行政区、不同用户之间关系，每一节点指标变化均对方案有不同程度影响，故需要测算几百个甚至更多资金筹措方案，手工计算大，且易出错。本系统可对受水区水价承受能力分析，通过设置初期达产率、水价等不同方案，整合水资源配置模型，快速测算众多资金筹措方案，供用户决策分析使用。

4.2 经济分析计算核心模块

通过输入经济分析基本参数、构建不同流域、区域、用户、水源工程的拓扑关系后，采用模块嵌套耦合的方式，编写不同经济分析计算模块，实现经济分析功能。引调水工程经济分析计算核心模块可进行国民经济评价、资金筹措方案分析、财务评价，见图 2。

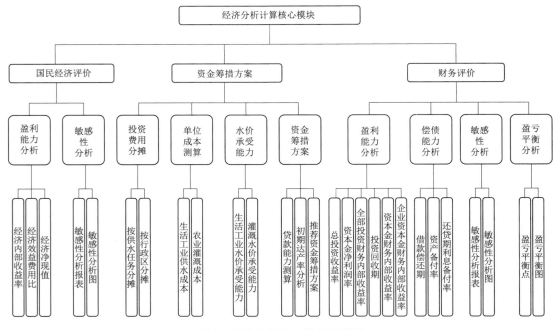

图 2　经济分析核心模块示意图

（1）国民经济评价模块。国民经济评价采用经济费用效益分析法[1]，分别计算引调水工程费用和所产生效益，通过经济内部收益率、经济效益费用比、经济净现值等指标评价项目经济合理性，在考虑工程投资、效益等因素变化的基础上，对工程经济指标进行敏感性分析。

（2）资金筹措方案模块。资金筹措方案需通过资金结构、资金来运和融资条件等方面分析比较[5]，提出合理融资方案，为国家、地方和其他相关投资部门对项目前期立项提供决策依据。在对不同流域区域、用水户投资费用分摊，不同用户单位成本测算和水价承受能力分析的基础上，拟定不同初期达产率、水价方案，同时在对贷款能力测算的基础上，经多方案比较，确定合理资金筹措方案。

（3）财务评价模块。在拟定的资金来源和不同资金筹措方案基础上，对财务生存能力、偿债能力和盈利能力进行分析[5]。在对财务收入、总成本费用等分析基础上，财务生存能力主要分析年财务收入是否可以负担年总成本费用。财务盈利能力分析重点计算总投资收益率、资本金净利润率、全部投资财务内部收益率、投资回收期、资本金财务内部收益率、企业资本金财务内部收益率等指标。偿债能力分析计算借款偿还期、资产备付率、还贷期利息备付率等指标。此外，还要对财务敏感性和盈亏平衡进行分析。

5　应用实例

以广东省某大型调水工程为例，工程从水量丰沛的西江调水，解决粤西云浮、湛江、茂名、阳江4市缺水问题，以保障区域供水安全。工程设计水平年2035年，远期展望2050年，流域涉及西江和粤西诸河（鉴江、九洲江、漠阳江等），供水任务有生活、工业和农业灌溉，水资源配置涉及外调水与本地水源间联合配置。为合理确定调水工程供水水价、投融资方案，并对其国民经济和财务进行评价，采用本系统对本工程进行经济分析，计算成果显示界面如图3所示。

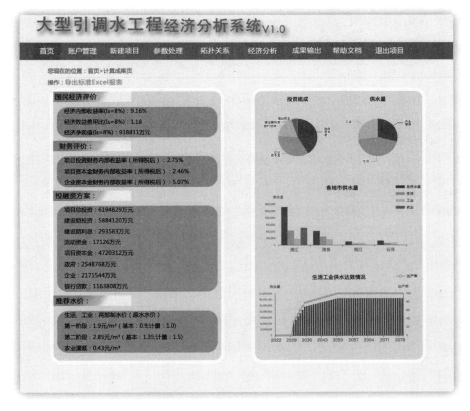

彩图

图3　大型引调水工程经济分析系统示意图

经分析计算，从国民经济评价指标来看，项目的经济内部收益率达到9.16%，大于社会折现率8%，经济净现值大于0，说明项目建设对国民经济是有利的。

通过不同初期达产率、供水水价等192个组合方案进行测算，推荐了工程农业灌溉水价、生活和工业水价（采用两部制水价），城镇供水初期达产率为20%，工程贷款额度占工程静态总投资的19.78%，资本金占工程静态总投资的80.22%。

从财务分析指标来看，运行期内年累计盈余资金均大于0，项目具有较好的财务生存能力；贷款偿还期为25年，满足项目清偿能力要求；还款期内偿债备付率0.80～2.22，利息备付率为 1.0～36.82，随着工程投入运行，还款计划逐年实施，资产负债率在逐步下降，具有较好的偿债能力。全部投资财务内部收益率（税后）为 2.75%，项目资本金内部收益率（税后）为 2.46%，企业资本金财务内部收益率（税后）为 5.07%，满足企业盈利要求，达到水利行业资本金投资收益水平，具有一定的财务盈利能力。

综合评价，项目建设社会效益显著，经济上和财务上是可行的，项目建设是必要和合理的。

6 结语

以大型引调水工程为研究对象，基于 Web 形式开发了大型引调水工程的经济分析系统。该系统具有界面良好、操作简便、协同性强、成果可靠、数据兼容性好等特点，可解决工程系统复杂、初期达产率不确定和资金筹措方案复杂等关键技术问题，并在实际工程设计的应用中取得很好的效果，具有较好的应用和推广价值，开发思路和方法也可供类似系统开发参考。

参考文献

[1] 谷红梅，刘喜峰，张民安，等. 水利工程投资与效益评价软件研制 [J]. 中国农村水利水电，2006 (10)：116-118.
[2] 杨赞锋，汪兰芳，张慧，等. 水利水电工程项目经济评价系统研究 [J]. 三峡大学学报（自然科学版），2004 (4)：303-305.
[3] 温鹏，刘建新，杨德权. 抽水蓄能电站经济评价软件 [J]. 水力发电，2000 (3)：49-50.
[4] 汤建伟，刘颖，化全县，等. 磷化工经济评价决策支持系统的研究与开发 [J]. IM&P 化工矿物与加工，2011，40 (11)：1-3，8.
[5] 王占海，何梁，王保华，等. 环北部湾地区水资源优化配置研究 [J]. 水电能源科学，2022，40 (10)：44-47.

长距离调水线路高程控制测量方法研究和应用

王建成　何宝根　古共平

（中水珠江规划勘测设计有限公司，广州　510610）

摘　要：长距离调水线路涉及范围广，高程控制要求严格，采用单一的测量方法很难达到高程控制要求，这就要寻求一种相结合的测量方法，实现区域控制点高程测量全覆盖。本文首先利用水准测量数据建立数学模型，对水准网进行严密平差计算，完成首级高程控制；其次利用水准测量、GNSS测量、重力场模型数据建立数学模型，采用"移去-拟合-恢复"法，完成次级高程控制，其精度满足规范要求，通过将两种高程测量方法相结合，实现了长距离调水线路基本高程控制测量的目的。

关键词：高程控制测量；水准网平差计算；GNSS高程拟合计算；"移去-拟合-恢复"方法

自古以来，我国基本水情一直是夏汛冬枯、北缺南丰，水资源时空分布极不均衡，与经济社会发展布局不相匹配，严重制约经济社会高质量发展、生态环境保护和中华民族伟大复兴中国梦的实现。面对我国可能出现的水资源全局性问题，党中央审时度势，提出了加快构建国家水网的战略。要实现国家水网这个工程体系，就必然要进行引调水工程，它也是国家水网的主骨架和大动脉。

重大引调水工程一般调水线路长，涉及范围广，呈带状分布。考虑到已知点分布情况，采用单一附和或闭合水准测量很难达到线路高程控制测量的目的，采用多结点水准网因进行了多余观测，不但可以对附和或闭合水准线路相互检核，及时发现错误、粗差，而且可以有效地提高测量精度。但水准网测量工作量大，此时往往采用GNSS直接拟合法对水准网测量进行补充，GNSS直接拟合法对于长距离调水线路测量分辨率低，所计算出来的高程包含的误差多。因此，可采用基于大地水准面模型的GNSS高程测量方法代替GNSS直接拟合法，达到GNSS控制点高程测量全覆盖。本文将水准网测量和基于重力场模型的GNSS高程测量方法结合在一起，实现了环北部湾广东水资源配置工程长距离调水线路基本高程控制测量，取得了理想效果。

1　工程概况

环北部湾广东水资源配置工程位于广东省西南部，涉及粤西地区湛江、茂名、阳江和

作者简介：王建成（1981— ），男，河南获嘉人，硕士，高级工程师，主要从事测绘新技术的研究和应用工作。

通信地址：广州市天河区天寿路沾益直街19号中水珠江设计大厦。邮编：510610。E-mail：39237824@qq.com。

云浮 4 个地级市，工程任务以城乡生活和工业供水为主，兼顾农业灌溉，为改善水生态环境创造条件。工程设计引水流量 110m³/s，工程等别为Ⅰ等，工程规模为大（1）型。工程由水源工程、输水干线工程、输水分干线工程等组成，包括取水泵站 1 座，加压泵站 4 座，输水线路总长度 499.9km，扩建连通渠 1 条。

高鹤干线根据水库相对位置，拟定了北线方案和南线方案进行线路比选。北线方案取水口布置在良德主坝左岸，线路全长约 74.47km。南线方案取水口布置在石骨水库 1 号、2 号副坝之间，线路全长约 72.91km。高鹤干线沿线共布置了约 200 个 GNSS 控制点，高程控制测量分首级高程控制测量和次级高程控制测量两步实现。

2 首级高程控制测量

2.1 水准网平差计算

根据 GNSS 控制点位置、已知高程点分布和现场交通情况，确定水准网测量路线，采用四等水准测量方法进行测量，观测限差符合《水利水电工程测量规范》（SL 197—2013）（以下简称"规范"）要求，高鹤干线和鹤地水库区域水准网示意图如图 1 所示。

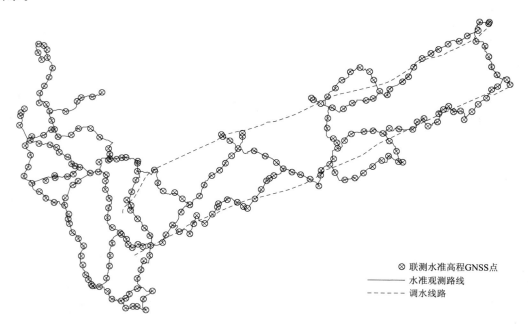

⊗ 联测水准高程GNSS点
—— 水准观测路线
------ 调水线路

图 1　水准网示意图

水准网测量过程中多余观测的出现产生了平差问题，通过建立函数模型，求解出结点水准线路改正数，进而求出水准结点的最或然值，最后计算出水准网待求高程点的高程。水准网平差计算的方法很多，现采用条件平差法[1] 对项目中的多结点水准网进行严密平差，平差计算流程[2] 如图 2 所示。

（1）确定条件方程。条件平差法就是以条件方程作为基本函数模型，按最小二乘原理[3] 进行平差的方法，其准则模型可表示为

$$V^{\mathrm{T}}PV = \min \qquad (1)$$

式中：V 为改正数阵；P 为权阵。

实测水准网中有 48 条水准测段，27 个水准结点，可列出 21 个条件方程计算水准结点的高程，条件方程为

$$\begin{cases} -v_6 + v_7 + v_9 - v_{11} - 24.4 = 0 \\ v_1 + v_8 + v_9 + v_{13} + 17.3 = 0 \\ -v_2 - v_8 - v_9 - v_{13} + 11.0 = 0 \\ \quad \vdots \\ v_{35} + v_{36} + v_{41} + v_{45} + 11.5 = 0 \\ v_{40} + v_{41} + v_{42} + v_{43} + 0.4 = 0 \\ v_{42} + v_{47} - 30.0 = 0 \end{cases} \qquad (2)$$

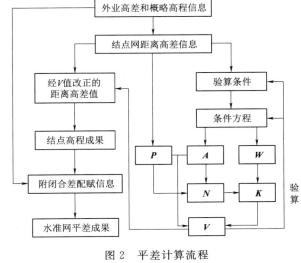

图 2　平差计算流程

（2）定权。水准测量的权方按距离定权，令 $C=1$，故有 $P_i = \dfrac{1}{S_i}$，其中 S_i 为结点水准路线距离（km），由于各高差观测值是不相关观测值，可组成各观测值的权阵 P。

（3）组成法方程并求解。根据条件方程的系数、闭合差及观测值的权阵组成法方程，计算 K，法方程公式为

$$AP^{-1}A^{\mathrm{T}}K + W = 0 \qquad (3)$$

式中：A 为条件方程系数阵；P 为权阵；K 为拉格朗日系数；W 为闭合差阵。

（4）计算改正数。根据已知参数，计算改正数 V，改正数计算公式为

$$V = P^{-1}A^{\mathrm{T}}K \qquad (4)$$

由水准网条件方程可知，v_i 可组成条件方程系数阵 A，$\dfrac{1}{S_i}$ 可组成权阵 P，闭合差可组成 W，最终可计算出改正数 V：

$$V = \begin{bmatrix} 16.36 & -5.55 & -0.40 & \cdots & -0.98 & 13.81 & 9.76 \end{bmatrix}^{\mathrm{T}} \qquad (5)$$

（5）计算高程值。利用已知点高程 H_i、结点水准路线高差 h_i、高差改正数 v_i，计算结点 P_i 的高程 H_{P_i}，将结点高程代入平差值条件式中进行检核，条件方程全部成立；从任意已知点和改正后的路线高差推算出的同结点高程都一样；将已知点高程、线路高差、高差改正数代入水准线路，计算附、闭合水准路线闭合差，显示闭合差全部为零。由此可见，严密平差出的改正数可以进行高差改正，最终计算出待求点的高程值。

2.2　水准网测量精度评定

（1）水准路线闭合差。本次测量精度按四等水准测量，水准路线闭合差按四等水准限差[4] 统计，进一步验证水准网的精度，经统计闭合差均在 1/3 限差以内，精度满足规范要求，水准路线闭合差统计见表 1。

表1 水准路线闭合差统计

水准路线	起讫点名	距离 S_i/km	闭合差 w_i/mm	限差/mm
L_1	E775～E768	19.00	16.36	±87.2
L_2	D435～E775	10.60	−5.55	±65.1
L_3	E698～D435	4.11	−0.40	±40.5
⋮	⋮	⋮	⋮	⋮
L_{46}	LW12～E541	6.74	−0.98	±51.9
L_{47}	E490～G1	17.32	13.81	±83.2
L_{48}	E668～WG6	12.30	9.76	±70.1

（2）水准网全中误差。为验证水准网的整体精度，根据各水准路线的闭合差及线路长计算每千米水准测量全中误差 M_W，按下式计算：

$$M_W = \pm \sqrt{\frac{1}{n} \left[\frac{ww}{s} \right]} \tag{6}$$

式中：w 为路线闭合差，mm；n 为水准闭合差个数；s 为路线长度，km。

经计算，水准网每千米水准测量全中误差 $M_W = \pm 3.57$mm，小于规范规定的限差 ±10mm 的要求，水准网整体精度可靠。

3 次级高程控制测量

3.1 GNSS 高程拟合计算

次级高程控制测量采用基于重力场模型的 GNSS 高程拟合方法，选取有代表性的联测水准的 GNSS 控制点，水准测量可以获得控制点的正常高 h，GNSS 测量可以获得控制点的大地高 H，进而可以得出参与计算的控制点的高程异常 ζ，通过"移去-拟合-恢复"法[5]进行计算，其基本思想是利用函数模型进行高程转换前，首先移去用地球重力场模型计算得到模型高程异常 ζ^{GM}，然后对剩余高程异常 ζ^c（也称为残差）进行拟合和内插，在内插点上再利用重力场模型把移去的部分恢复，最终得到该点的高程异常 ζ。

$$\zeta = H - h \tag{7}$$

$$\zeta = \zeta^{GM} + \zeta^c \tag{8}$$

根据高鹤干线现场工作情况，选取部分区域进行计算，从 119 个控制点中选取 15 个 GNSS 水准高程控制点作为计算点，点位分布均匀，能够代表区域高程异常变化规律，计算点分布如图3所示。

（1）移去。根据选取的 15 个 GNSS 水准联测点，可求出 15 个点的高程异常 $\zeta_k = H_k - h_k$（$k=1, 2, \cdots,$ 15），在这些点上用地球重力场模型

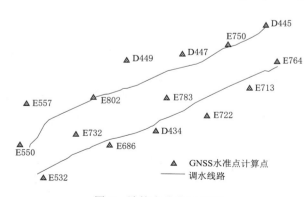

图 3 计算点分布示意图

改正量，最后得出剩余高程异常 $\zeta_k^C = \zeta_k - \zeta_k^{GM}$。

（2）拟合。以 15 个点的剩余高程异常 ζ^C 作为已知数据，采用多项式函数拟合法进行计算，再内插出未知点的剩余高程异常 ζ_i^C。将待求剩余高程异常值表示为平面坐标（x，y）的多项式曲面函数，构造的函数能够充分地反映数值的变化情况，根据建立的函数求出任意坐标点的数值，其数学模型为

$$\zeta^C = f(x, y) + \varepsilon \tag{9}$$

式中：$f(x, y)$ 为拟合曲面；ε 为拟合误差。

根据上式建立二次曲面模型，其模型方程为

$$\zeta^C = [a_0 \; a_1 \; a_2 \; a_3 \; a_4 \; a_5][1 \; x \; y \; x^2 \; xy \; y^2]^T + \varepsilon \tag{10}$$

参与计算的每一个拟合点都可以组成一个方程，可列出 15 个方程，组成误差方程：

$$V = -BX + L \tag{11}$$

其中

$$B = \begin{bmatrix} 1 & x_1 & y_1 & x_1^2 & y_1^2 & x_1 y_1 \\ 1 & x_2 & y_2 & x_2^2 & y_2^2 & x_2 y_2 \\ & & & \vdots & & \\ 1 & x_{15} & y_{15} & x_{15}^2 & y_{15}^2 & x_{15} y_{15} \end{bmatrix} \tag{12}$$

$$X = [a_0 \; a_1 \; a_2 \; a_3 \; a_4 \; a_5]^T \tag{13}$$

$$L = [\zeta_1 \; \zeta_2 \; \zeta_3 \; \cdots \; \zeta_{15}]^T \tag{14}$$

解得

$$X = (B^T P B)^{-1} B^T P L \tag{15}$$

最终解算出函数系数 X：

$$X = [1.65693 \times 10^3 \; -1.43107 \times 10^{-3} \; \cdots \; 8.39360 \times 10^{-11} \; -1.86363 \times 10^{-10}]^T \tag{16}$$

（3）恢复。在未知点上，利用地球重力场模型计算出的近似高程异常 ζ_i^{GM} 和拟合模型计算出的剩余高程异常 ζ_i^C，得到未知点的最终高程异常值 ζ_i，进而求得未知点上的正常高 $h_i = H_i - \zeta_i$。

3.2 精度评定

根据计算结果，统计内符合和外符合精度，按下式进行计算：

$$M_H = \pm \sqrt{\frac{[\Delta_v \Delta_v]}{N-1}} \tag{17}$$

式中：M_H 为内符合（或外符合）中误差；Δ_v 为计算高程与水准高程之差；N 为计算点数量。

经统计计算，利用参与计算的 15 个点统计的内符合精度为 $\pm 3.3\text{cm}$，其余的 104 个点统计的外符合精度为 $\pm 4.2\text{cm}$，其精度达到基本高程控制测量要求。

4 总结

利用结点网水准测量和基于重力场模型的 GNSS 高程测量相结合的方法可有效提高长距离调水线路高程控制精度，其精度满足地形图基本高程控制测量要求。平差过程中建

立了可靠的函数模型，考虑其计算过程比较复杂，可利用计算机程序实现自动计算，根据计算过程相关要素，如提高水准测量和 GNSS 测量精度，选取高精度的重力场模型，外符合精度可大大提高，可获得更高精度的高程。

参考文献

［1］　武汉大学测绘学院测量平差学科组. 误差理论与测量平差基础［M］. 武汉：武汉大学出版社，2003.

［2］　沈清华，卢治文，邓神宝. 珠江三角洲多结点水准网严密平差方法研究［J］. 人民珠江，2017，38（5）：1-4.

［3］　鲁铁定. 总体最小二乘平差理论及其在测绘数据处理中的应用［J］. 测绘学报，2013（4）：630.

［4］　王建成，沈清华，王小刚. 基于 EGM2008 模型统一陆海高程基准的方法研究［J］. 地理空间信息，2018，16（11）：101-104.

某供水工程沉沙池设计的经验与不足

毕树根　　傅志浩

（中水珠江规划勘测设计有限公司，广州　510610）

摘　要： 沉沙池是沉降挟沙水流悬疑质泥沙，降低水流中含沙量的水工建筑物。我国地域辽阔，河流众多，各流域水沙状况差异较大，水利工程与水电工程对沉沙池的要求也有所不同。本文以南方某供水工程为例，通过梳理其取水水沙情况、设计思路、遇到的问题和对策，总结平原地区少沙河流沉沙池设计的经验与不足，为类似工程提供有益借鉴。

关键词： 沉沙池；供水工程；少沙河流；南方

1　研究背景

沉沙池是沉降含沙水流中过多或有害悬疑质泥沙，降低水流中含沙量的水工建筑物，被广泛应用于水电站、灌溉、城市供水、水环境治理等水利水电工程中。含沙水流进入沉沙池后，过流断面扩大、流速显著降低、水流挟沙力迅速减小，使得水流中粗颗粒泥沙得到有效沉降，从而减小出池含沙量。

我国地域辽阔，河流众多，各流域水沙状况差异较大，水利工程与水电工程对沉沙池的要求也有所不同。国内外对多沙河流水电工程及灌溉工程沉沙池的研究较多[1-3]，对城市供水工程沉沙池的研究较少[4-5]，尤其是南方平原地区，多数属少沙河流，其设计及运行与多沙河流沉沙池也有所不同。本文以南方某供水工程为例，通过梳理其取水水沙情况、设计思路、遇到的问题和对策，总结经验与不足，为类似工程提供有益借鉴。

2　工程概况

广州市西江引水工程是《珠江三角洲地区改革发展规划纲要（2008—2020）》水资源配置的重点建设工程，也是广州亚运会配套民生供水工程，于 2010 年 9 月建成通水，2016 年 5 月 25 日完成竣工验收。工程取水规模为 350 万 m^3/d，取水口位于思贤滘下游约 870m 的西江左岸，主要建设内容包括新建取水泵站、配水泵站各 1 座，新建 2 条长约 48.7km 的原水干管（管径 DN3600）及总长约 23.3km 的原水分配支管（管径 DN2800～DN1600）。

作者简介：毕树根（1981—　），男，本科，高工，主要从事水利水电工程设计技术管理工作。通信地址：广州市天河区天寿路中水珠江设计大厦 417 房。邮编：510610。

取水口采用岸塔式，通过 3 根 $\phi 3.0$m 钢管重力流引水至取水泵站前池（沉沙池），经泵组提水后接入原水干管。取水泵站共布置 12 台中开双吸卧式离心泵，10 用 2 备，泵组设计扬程 43.7m。取水泵站鸟瞰效果如图 1 所示。

图 1　取水泵站鸟瞰效果

3　沉沙池设计方案

3.1　水文、泥沙情况

西江是珠江流域中的最大河流，集雨面积大，径流丰富，实测马口站最丰水年年均流量 10000m³/s，最枯水年年均流量 3840m³/s；洪水峰高量大，持续时间长，峰顶附近持续时间可达 1～3d，洪水过程约 30～45d。取水河段全年平均含沙量为 0.17kg/m³，属少沙河流，汛期平均含沙量为 0.30kg/m³，枯期平均含沙量为 0.04kg/m³，泥沙颗粒级配情况见表 1。由表 1 可见，泥沙汛期中数粒径为 0.020mm，枯期为 0.011mm；大于 0.01mm 粒径的泥沙含量汛期占 72.4%，枯期占 52.3%；而大于 0.05mm 粒径的泥沙含量汛期仅占 24.9%，枯期仅占 3.8%；可见取水河段以小粒径泥沙为主。

表 1　　　　　　　　　　　　　泥沙颗粒级配取样情况

粒径/mm		≤0.0025	≤0.005	≤0.01	≤0.025	≤0.05	≤0.1	≤0.25	≤0.50	中数粒径
泥沙含量 /%	1999-07-15	0	13.3	27.6	58.9	75.1	81.7	94.3	100	0.020mm
	2001-02-19	28.4	33.0	47.7	76.1	96.2	100			0.011mm

3.2　沉沙池设置的必要性

本工程河道无调节引水，西江属少沙河流，泥沙以小粒径为主，且各运行工况下输水干管均不会产生泥沙淤积。本项目是珠三角水资源配置的重点建设工程，是广州市供水重要保障工程，引水流量大，输水线路长，设置沉沙池有利于降低泥沙对泵组磨损的不利影响,提高泵组运行效率和耐久性,同时可减少随水流挟带至下一级泵站和终端水厂的泥沙,减轻其泥沙处理压力,降低城市占地和工程投资。综上,在取水泵站设置沉沙池进行预处理是十分必要的。

3.3 泥沙沉降设计标准选择

泥沙沉降设计标准主要包括出池泥沙允许粒径(设计沉降粒径)和泥沙沉降保证率,该两项指标既与工程任务相关,也需考虑工程投资、移民征地等因素影响。本工程属城市供水工程,采用管道输水,经计算各工况下均不会在输水干管中产生泥沙淤积,沉沙池作用主要是沉降悬移质为主的泥沙,降低泥沙对泵组磨损的不利影响,提高泵组运行效率和耐久性。

(1)出池泥沙允许粒径(设计沉降粒径)。黎运菜等结合各提水泵站的运行经验,提出泵站沉沙池出池泥沙允许粒径不大于 0.05mm[6]。宋祖诏等提出城市、工业供水沉沙池出池泥沙粒径不大于 0.01mm[7]。本工程取水河道泥沙含量较少,且粒径较小,如采用较小泥沙沉降粒径,占地和工程投资大,且沉降效果难保证。经技术经济比较,本工程沉沙池出池泥沙允许粒径按不大于 0.05mm 考虑。

(2)设计沉降保证率。按照《水利水电工程沉沙池设计规范》(SL/T 269—2019),本工程大于等于设计沉降粒径的泥沙沉降率按不小于 85% 考虑。

3.4 设计方案

(1)沉沙池型式选择。沉沙池可分为水力冲洗式和非水力冲洗式。本工程位于珠三角平原区,河道纵坡较小,受泵站运行水位影响,沉沙池深度大,池底与外江河底几乎持平,冲沙廊道布置条件较差;另外,来水泥沙粒径较小,沉沙池工作段长度将近 300m,泥沙沉降分布面积广,冲排沙系统复杂,工程量及投资大。再者,沉沙池与天然河道连通,池内水位随外江涨落,如采用水力冲洗式,冲洗工作流量需通过水泵从其他池室抽水补给,且冲洗工作水头较小,排沙廊道较长,冲淤效果难以保证。综上,本工程不适合采用水力冲洗式清淤。

沉沙池可采用机械清淤或人工清淤,人工清淤工作量大,然而,本项目沉沙池较深,在池室范围沿高度方向布置若干层对撑横梁,机械清淤布置条件较差,运行较复杂。综合考虑各因素,本工程采用人工结合临时机械清淤方式,分池室定期清淤,以满足泵站及沉沙池正常运行。

(2)沉沙池布置。沉沙池顺水流向依次布置连接段和工作段,最高运行水位为 12.36m,最低运行水位为 0.01m。连接段接跨堤引水管道,长约 50m,进口宽 14m,出口宽 34m,底高程 -6.30m,纵坡 0.2%。工作段总长约 250m,共设 3 个池室,单个池室最大宽度约 40m,最大平面面积约 4000m²,池室以隔墙分开,过流断面为矩形,池底高程 -6.7m,纵坡 0.2%。设计规模下工作段前端最大平均流速约 0.19m/s,末端最大平均流速约 0.1m/s。沉沙池总面积约 11600m²,为方便工作段分室清淤,在其进口及出口各设置检修闸门。沉沙池平面布置如图 2 所示,典型断面如图 3 所示。

3.5 泥沙沉降计算

(1)泥沙沉降距离及沉降保证率。采用以下公式计算泥沙沉降距离:

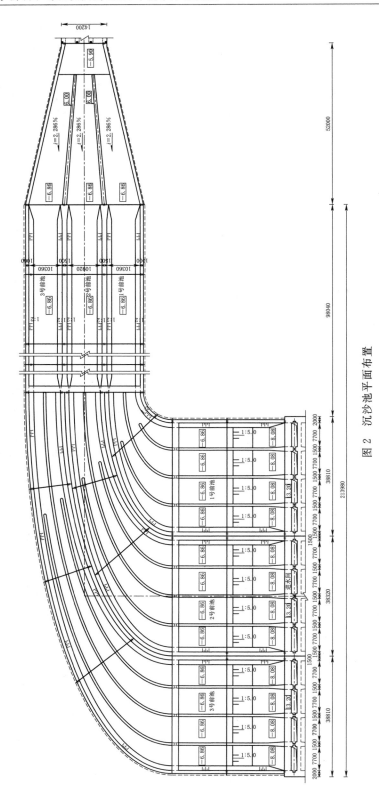

图 2　沉沙池平面布置

$$L = \varepsilon H_p \nu / \omega \qquad\qquad (1)$$

式中：L 为泥沙沉降距离，m；ε 为紊流影响系数；H_p 为沉沙池工作水深，m；ν 为沉沙池水流平均速度，m；ω 为泥沙的沉降速度，mm/s。

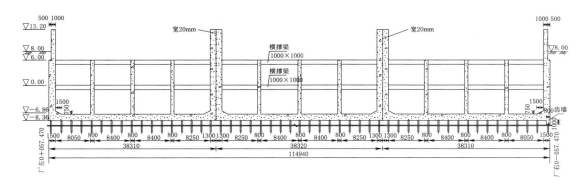

图 3　沉沙池典型断面（单位：高程以 m 计；其他尺寸以 mm 计）

经计算，来水粒径大于 0.05mm 的泥沙大部分能在池中沉降下来，且主要分布在沉沙池后段约 200m 范围内，沉降保证率达 91%。

（2）泥沙淤积量。泥沙淤积量计算成果详见表 2。成果表明，汛期泥沙沉降量较大，设计规模下泥沙淤积量约 93m³/d，平均淤积厚度约 0.008m/d；枯期泥沙沉降量较小，设计供水规模下泥沙淤积量仅约 5m³/d。考虑泵站供水、沉沙容积及清淤成本等因素，建议每年汛末分池室定期清淤，以满足泵站及沉沙池正常运行。

表 2　　　　　　　　　　　　　　**泥沙淤积量计算成果**

项　　目	输水量 /(万 m³/d)	引用流量 /(m³/s)	泥沙淤积量 /(m³/d)		沉沙池面积 /m²	平均淤积厚度 /(m/d)	
			汛期	枯期		汛期	枯期
远期最高日（设计规模）	350.0	40.51	93	5	11600	0.008	0.0004
近期最高日	242.0	28.01	65	3	11600	0.006	0.0003
近期平均日	217.8	25.21	58	3	11600	0.005	0.0003

4　运行情况

沉沙池自 2010 年投入运行以来，至今状况良好。2012 年 12 月对沉沙池分池室清淤，池室淤泥（沙）呈前浅后深分布，基本与设计相符；工作段进口淤积厚度约 0.5m，至池室末端最大淤积厚度约 2.2m，实际淤积量和淤积厚度均略小于计算值，据分析主要受输水量和来沙量影响。沉沙池淤积情况如图 4 所示。

淤泥（沙）在沉沙池长时间堆积固结，清淤时先采用高压水冲洗、稀释，然后采用吸泥泵抽排至泵站厂区临时沉淀池，经晾晒、脱水固化后运走处理。

图 4　沉沙池淤积情况

5　认识和思考

（1）从少沙河流取水的供水工程，沉沙池作用主要是：一方面可降低泥沙对泵组磨损的不利影响，提高泵组运行效率和耐久性；另一方面可减少随水流挟带至下一级泵站和终端水厂的泥沙，减轻其泥沙处理压力。是否设置沉沙池可从工程重要性、泵组设备要求、水环保要求、工程占地和投资等方面进行论证。

（2）对于平原地区的沉沙池，受制于池底与外江河底高差不大，冲沙水头较小等因素，水力冲洗清淤布置条件往往较差，冲淤效果难以保证。可采用机械清淤或人工清淤的方式。实践证明，分池室定期清淤，可满足泵站及沉沙池正常运行，清淤工作量虽大，但清淤效果有保证。

（3）沉沙池清淤周期一般考虑以下因素：沉沙容积淤满影响沉沙效果，清淤对正常供水的影响，淤泥（沙）长时间沉积对出水水质的影响，清淤成本等。本工程投入运行两年后对沉沙池分池室清淤，由于淤泥（沙）长时间堆积固结，清理难度和工程量较大，另外，泥沙长时间沉积，由于挟带腐殖质等沉积物已存在异味，对供水水质有一定影响。因此，一方面需在运行过程中加强水沙情况观测，确定合适的清淤周期，另一方面可借鉴水厂清淤和淤泥处理工艺，优化清淤方式，采用机械清淤，以提高运行效率。

6　结论

本工程位于南方平原地区，从少沙河流取水，经泵站提水后长距离输水至各大水厂，是广州市供水重要保障工程。设计从工程重要性、取水水沙条件、泵组要求、清泥（沙）条件、环保要求、工程占地及工程投资等方面考虑，在取水泵站设置分池室定期清淤的沉沙池，采用人工结合临时机械进行定期清淤；沉沙池自投入运行以来，至今状况良好，为保障广州市供水发挥重要作用。本文通过梳理其设计思路及运行过程中遇到的问题和对策，总结经验与不足，为类似工程提供有益借鉴。

参考文献

[1]　王菁，卫亚丁，张希忠. 杨范泵站沉沙池设计及运用分析 [J]. 山西水利科技，2001 (2)：30 - 31.

[2] 杨树斌，黄军. 浅谈沉沙池的布置 [J]. 红水河，2019，38（5）：5.

[3] 杨文涛. 新疆玛纳斯河总干渠曲线形沉沙池的设计与运行管理探讨 [J]. 水利科技与经济，2020，26（4）：19-22.

[4] 王治海，高鲁燕，马成. 引黄济青沉沙池运行存在问题及对策 [J]. 山东水利，2017（5）：2.

[5] 喻谦. 城市建设项目沉沙池措施设计方法初探 [J]. 浙江水利科技，2017（1）：25-27.

[6] 黎运菜，杨晋营，张金凯. 水利水电工程沉沙池设计 [M]. 北京：中国水利水电出版社，2004.

[7] 宋祖诏，张思俊，詹美礼. 取水工程 [M]. 北京：中国水利水电出版社，2002.

环北部湾水资源配置工程东区总体布局优选研究

杨 健 陈 艳 王保华

（中水珠江规划勘测设计有限公司，广州 510610）

摘 要： 环北部湾地区资源性、工程性、水质性缺水并存，沿海诸河多为中小河流，源短流急，自然调蓄能力弱，丰枯变化大。为解决区域缺水问题，拟建环北部湾水资源配置工程，总体布局为"东调、中联、西蓄"。"东调"以强化节水、充分挖潜、适度引调水工程为重点，对环北部湾东部区域进行分散调水与集中调水的总体布局方案优选研究，以技术经济比较为基础，从工程可实施性、利于管理运行等角度，采用分散调水工程，工程实施后可有效缓解环北部湾东区水资源危机。

关键词： 环北部湾；水资源配置；东调；总体布局

随着经济社会高速发展，我国部分地区存在水资源过度开发，挤压河道、湖泊生态环境用水与农业灌溉用水，超采地下水、局部水污染等问题，造成资源性、工程性和水质性缺水，国内外许多工程实践证明，跨流域引调水工程是缓解缺水地区水资源供需矛盾、支撑缺水地区可持续发展的有效途径[1-3]。本文以环北部湾水资源配置工程东区为例[4]，介绍引调水工程总体布局的优选过程。

1 工程建设的必要性

环北部湾地区地处我国华南、西南和东盟经济圈的结合部，在与东盟、泛北部湾、泛珠三角等国际国内区域合作战略中，区位优势明显，是我国沿海沿边开放的交汇地区，"21世纪海上丝绸之路"与"丝绸之路经济带"有机衔接的重要门户。环北部湾地区大部分地处粤西桂南沿海诸河水系，多为中小河流，源短流急，自然调蓄能力弱，降雨多集中在汛期，丰枯变化大，与经济社会发展对水资源的需求不相匹配。近年来，随着环北部湾区域经济社会快速发展、城镇化和工业化的不断推进，城镇生活及工业用水需求日益增长，出现了河道生态用水与农业灌溉用水被挤占、地下水超采、局部水污染等问题。

随着国家"一带一路"、粤港澳大湾区建设，珠江—西江经济带、北部湾城市群、中国（广西）自由贸易试验区等的实施，环北部湾地区经济社会将快速发展，对区域水资源配置工程等基础设施建设提出了更高的要求，水资源供需矛盾将更加突出。环北部湾地区周边的西江干流、郁江干流水资源较为丰沛，具备向环北部湾地区提供水源的基础条件。

作者简介：杨健（1984— ），男，高级工程师，硕士研究生，中水珠江规划勘测设计有限公司，主要从事水利水电工程水工设计工作。E-mail：191111507@qq.com。通信地址：广州市天河区天寿路沾益直街19号中水珠江设计大厦404房。邮编：510610。

国务院批复的《全国水资源综合规划》《珠江流域综合规划（2012—2030 年）》均提出从西江干流调水的水资源配置方案。在节水优先的前提下，实施环北部湾水资源配置工程，与当地水源工程联合运用，可长远解决环北部湾区域水资源承载能力与经济发展布局不匹配问题，有效缓解地区缺水情势，优化水源单一的供水格局，提高区域供水安全保障能力，保障生活及工业用水需求，并为农业灌溉和改善水生态环境创造条件，支撑环北部湾区域经济社会高质量发展。因此，实施本工程是十分必要且紧迫的。

环北部湾区域划分为东、中、西 3 个分区，其中东部为玉林、北海、湛江、茂名、阳江 5 市，中部为南宁、钦州、防城港 3 市，西部为崇左市，结合新形势进一步论证提出"东调、中联、西蓄"的总体布局方案。其中东部区域苦旱的湛江市雷州半岛以及分水岭地带的玉林市均为珠江区的重度缺水地区，南流江、九洲江等河流河道内生态用水被挤占情况严重，北海、湛江两市长期超采地下水已导致海水入侵等生态问题突出，经分析，本地水资源进一步开发利用难度大、成本高，在强化节水、充分挖潜基础上，考虑从临近的西江水系向环北部湾东部缺水地区调水缓解水资源危机。

2 供需平衡分析及水资源配置

2.1 受水区选择

考虑环北部湾东部区域范围广、引水线路长、供水成本较高，同时地形起伏较大，受水区确定原则为：①2050 水平年供需平衡后的缺水区，缺水较集中；②以城镇生活、工业缺水为主，为农业创造条件；③小区域经济社会地位重要；④经济技术合理，配套工程相对较易实施。

根据上述 4 项原则，确定本工程东部区域受水区分布在广西玉林、北海和广东湛江、茂名、阳江，以及输水线路涉及的广西贵港市、广东云浮市，共计 7 个市的 20 个县区。

2.2 水资源供需分析

本工程现状基准年 2016 年，设计水平年 2035 年，远景展望 2050 年，生活、工业供水保证率为 97%，农业灌溉设计保证率为 75%～90%。进行 60a 长系列逐月调节的供需平衡计算。

分析表明，环北部湾东部区域基准年多年平均总需水 142.36 亿 m^3，现状供水在退减超采地下水和退还河道内生态流量后总可供水量 124.17 亿 m^3，缺水量达 18.19 亿 m^3，其中生活缺水 6.27 亿 m^3，工业缺水 2.99 亿 m^3，农业缺水 8.88 亿 m^3，河道外生态环境缺水 0.05 亿 m^3，总缺水率 12.78%。在现有供水格局下，东部生活、工业供水保证程度较低，无法满足设计保证率的要求。预测 2035 年（设计水平年）总缺水量 22.21 亿 m^3；2050 年（远景展望年）总缺水量 29.83 亿 m^3，其中缺水量最大的为湛江市，2050 年总缺水为 9.24 亿 m^3，其中生活缺水 5.12 亿 m^3、工业缺水 3.05 亿 m^3，农业缺水 1.07 亿 m^3，反映了雷州半岛地区未来经济社会发展与供水保障的矛盾突出。

2.3 水资源配置

水资源配置原则为：本工程与当地各种水源合理配置、共同供水，优先供给城镇生活与工业用水，为农业灌溉和改善水生态环境创造条件。

通过 60a 长系列调节计算，环北部湾工程东部区域 2035 年多年平均总供水量 19.16

亿 m³，其中生活、工业和农业供水分别为 10.46 亿 m³、7.85 亿 m³、0.85 亿 m³，占比依次为 54.6%、41.0%、4.4%；2050 年多年平均总供水量 23.44 亿 m³，其中生活、工业和农业供水分别为 12.67 亿 m³、9.61 亿 m³、1.16 亿 m³，占比依次为 54.1%、41.0%、4.9%。

3 工程总体布局优选

以水资源供需平衡分析为基础，结合配置方案，综合考虑水系河网结构、水资源特点、缺水地区分布、水源解决方案、本地工程布局以及行政区划的空间位置等，确定环北部湾水资源配置工程总体布局为"东调、中联、西蓄"。

环北部湾东部区域以强化节水、充分挖潜、适度引调水工程为重点，形成以西江水系引调水为骨干，当地水、外调水、非常规水联合调配的供水体系，保障环北部湾东部区域城镇生活和工业用水安全，退减超采地下水、退还挤占农业和生态用水，保障粮食基地与生态用水安全，达到水资源与经济社会发展的空间适度均衡。

工程总体布局方案的拟定应综合考虑水源区取水条件、供水目标的满足程度、水资源配置成果等因素，并从技术经济、环境移民等方面进行多方案比选[5]。工程总体布局主要包括供水水源选择、地形地质条件勘察、调蓄工程选择、交水点水库选择和输水线路比选等。

3.1 供水水源选择

以 2050 年的受水区水资源供需平衡缺口为基础，在受水区附近的粤西桂南沿海河流（南流江、北流河、九洲江、鉴江及漠阳江等）及西江水系（郁江、黔江、浔江及西江等）寻找水源。

供水水源方案分为分散水源方案和集中水源方案，其中分散水源方案从多个水源点引水就近解决各受水区的需水；集中水源方案从某一水量丰富的大江大河引水，满足全部受水区的需水缺口。

水源比选基本思路为：按照"从内到外、由近及远"的原则，首先拟定受水区内及周边分散水源方案，在水质基本满足取水要求的条件下，通过分析水源的水量条件，筛选出可能的方案，进行技术经济比选，选出最优的分散调水方案；再重点研究和比选集中水源点，选择最优的集中调水方案。经分析，广西、广东受水区分散水源分别为郁江和西江，集中水源为西江干流。

3.2 地形地质条件勘察

环北部湾东部区域地形西高东低，北高南低，东南部普遍地势均较平坦，其中在茂名北部、钦州东北部及玉林大部分地区地势较高。受水区范围内除玉林以外的北海、湛江、茂名、阳江各地面高程范围基本都在 50m 以下，玉林受水区的地面高程约在 100m。在选择郁江水源或西江干流供水时，需经过地势较高的玉林西部、北部或茂名北部山脉。

工程区为广西丘陵向东南沿海平原的过渡地带，属丘陵-中低山-平原地貌单元，山脉之间分布着大小盆地和平原，南部濒临南海北部湾，地面高程 20~1700m 不等。地层岩性主要为古生代与中生代碎屑岩、第四系冲洪积与坡残积松散堆积物及各期侵入的花岗岩体等。

3.3 调蓄工程选择

在供水水源分析时，由于各水源均有一定时长的不可取水时段，工程需要一定数量的调蓄水库，蓄丰补枯，在河道水源无法取水时可持续供水。可选单一大库容水库或首部水库和本地水库联合调蓄，在设计时首选区域内大中型水库为调蓄水库。

根据对受水区内大型水库及扩建的江口水库的分析，筛选后调蓄水库情况见表1。

表 1 受水区调蓄水库统计

水库名称	地 区	集水面积 /km²	兴利库容 /亿 m³	现有供水对象	在本工程中的定位
武思江水库	贵港市辖区	907.5	0.29	农业灌溉	郁江水源首部调蓄水库
达开水库	贵港市桂平市	426.8	2.13	农业灌溉、生活	西江水源首部调蓄水库
六陈水库	贵港市平南县	448.0	1.71	生活、农业灌溉	西江水源首部调蓄水库
灵东水库	钦州市灵山县	145.0	0.79	供水、农业灌溉	郁江水源首部调蓄水库
江口水库	玉林市福绵区	36 (扩建后53.7)	0.14	供水、农业灌溉	玉林本地调蓄水库
小江水库	北海市博白县	919.8	4.86	供水、农业灌溉	北海本地调蓄水库
洪潮江水库	北海市合浦县	402.0	2.93	供水、农业灌溉	北海本地调蓄水库
高州水库	茂名市高州市	1022.0	9.19	生活、工业、农业灌溉	广东本地调蓄水库
鹤地水库	湛江市廉江市	1495.0	3.81（现状）	生活、农业灌溉	广东本地调蓄水库

3.4 交水点水库选择

交水点水库调蓄库容应满足检修期内工业、生活等基本用水需求，同时应与受水区未来供水格局相协调，首选当地水库作为交水点。根据受水区规划城市主要水源及水厂布局，结合引调水线路大致走向，拟定各受水区的交水点水库见表2。

表 2 受水区交水点水库基本情况 单位：万 m³

受水区	检修所需调节库容	交水点水库初拟	水库兴利库容
北海市	2275	合浦水库	53260
玉林市区	883	江口（扩建）水库 /六洋水库	1391 /1518
北流市	508		
博白县	583	鸡冠水库	1188
陆川县	433	石铲水库	107
兴业县	408	马坡水库	1975
茂名市区	0	名湖水库	454
		河角水库	1933
阳江市区、阳西县	1333	茅垌水库	1000
湛江市区	0	合流水库	254
雷州市	758	龙门水库	5722
徐闻县	317	三阳桥水库	1543

3.5 输水线路方案比选

输水线路结合受水区分布，按照"从内到外，由近及远"的顺序，首先拟定各受水区周边分散引调水方案，经多方案从工程地质、建筑物布置、征地移民、环境影响、工程投资与经济指标等多因素比选提出分散代表方案，采用广西北海、玉林郁江引调水工程＋广东西江地心引调水工程；再逐步外延，分析西江干流及其支流郁江集中引调水方案，利用沿线大型水库（如达开水库、鹤地水库、六陈水库）调蓄或利用梯级水电站逐级提水，经多方比选提出集中代表方案采用黔江大藤峡引调水方案。

从工程技术经济角度，集中方案较优，分散方案投资比集中方案略大，但考虑两省（自治区）经济社会发展水平、需求与迫切程度不同，从工程可实施性、推进力度、利于管理运行等角度，更具可操作性，故东区总体布局优选两省（自治区）分散引调水方案。

东区分散引调水方案包括广西北海、玉林郁江引调水工程＋广东西江地心引调水工程。广西北海、玉林郁江引调水工程包括引郁入北二期、引郁入玉二期和贵港黔江大藤峡调水工程，见表3。其中引郁入北二期工程自郁江西津水库取水 25m³/s，提水至灵东水库，经调蓄后引水至合浦水库。引郁入玉二期工程自郁江瓦塘取水 27m³/s，经武思江、江口水库调蓄后，交水至马坡、鸡冠、石铲等水库水源地供水至玉林各受水区。贵港黔江大藤峡调水工程从大藤峡水利枢纽工程区取水 12m³/s，提水至达开水库调蓄后输水至贵港市城北水厂。

广东西江地心引调水工程（环北广东水资源配置工程）自西江干流云浮地心取水口取水 92.5m³/s，经地心泵站提水自北向南输水，分水至金银河水库调蓄供水至云浮市；经高州水库调蓄，交水至名湖水库供水至茂名市，经河角、茅垌水库供水至阳江市；经鹤地水库调蓄后，交水至合流、龙门、三阳桥等水库供水至湛江市。

表 3　　　　　　　　　　环北部湾水资源配置工程东区总体方案

项　　目		工　　程	设计流量/(m³/s)	2035 年多年平均供水量/亿 m³	线路长/m	投资/亿元
环北部湾水资源配置工程东区	广西	引郁入玉二期工程	27	2.21	110.64	92.57
		引郁入北二期工程	25	1.38	68.70	47.69
		贵港黔江大藤峡调水工程	12	1.36	24.59	11.89
	广东	广东西江地心引调水工程	92.5	13.03	477.41	499.83

4 结论

（1）环北部湾东部区域资源性、工程性与水质性缺水并存，特别是苦旱的湛江市雷州半岛以及分水岭地带的玉林市均为珠江区的重度缺水地区，生态用水挤占严重，地下水超采导致海水入侵等生态问题突出，是制约该地区经济社会发展的关键因素。本地水资源进一步开发利用难度大、成本高，在强化节水、充分挖潜基础上，考虑从临近的西江水系向环北部湾东部缺水地区调水缓解水资源危机是十分必要且十分紧迫。

（2）本工程东部区域受水区分布在广西玉林、北海和广东湛江、茂名、阳江，以及输水线路涉及的广西贵港市、广东云浮市，共计 7 个市的 20 个县区。设计水平年 2035 年、远景展望年 2050 年多年平均供水量分别为 19.16 亿 m³、23.44 亿 m³。

（3）从供水水源、调蓄工程、交水点水库选择和输水线路比选等分析论证开展环北部湾水资源配置工程东区总体布局优选研究，推荐两省区分散引调水方案即广西北海、玉林郁江引调水工程＋广东西江地心引调水工程。

参考文献

［1］ 唐景云，杨晴. 浅谈调水工程对实现区域水资源优化配置的必要性［J］. 中国水利，2015（16）：13－15.

［2］ 王忠静，王学凤. 南水北调工程重大意义及技术关键 第十三届全国结构工程学术会议特邀报告［J］. 工程力学，2004，21（增刊 1）：180－189.

［3］ 桂耀，肖昌虎，侯丽娜. 跨流域引调水工程规划方案优选研究：以滇中引水工程为例［J］. 中国农村水利水电，2017（9）：63－66.

［4］ 中水珠江规划勘测设计有限公司. 环北部湾水资源配置工程（东部）总体方案［Z］. 2020.

［5］ 中华人民共和国水利部. 调水工程设计导则（附条文说明）：SL 430—2008［S］. 北京：中国水利水电出版社，2008.

BIM＋交通决策仿真软件在水网工程中的应用实现

罗　青　傅志浩

（中水珠江规划勘测设计有限公司，广州　510610）

摘　要： 水网工程中，一直以来存在着水网航道通过能力难以计算、水网交通节点流量难以预测的技术难题。本文通过应用无人机倾斜摄影＋BIM＋GIS技术将带有地理信息的3D模型导入到3D引擎软件和云服务中进行开发，再结合VISSIM＋水陆交通元素替换模拟代入的方法对水域航道和岸区陆域进行交通智能决策仿真模拟的方法，能实现模拟和计算水网航道的通过能力、预测交通节点流量等功能，为航道升级改造等水网工程提供技术支持，在精度、全面性、可视性、功能性上比传统计算方法有很大的提高。

关键词： 无人机；BIM；GIS；3D引擎；VISSIM；交通智能仿真

1　前言

　　水网交通能力既是水网生态的一个影响要素，也是水网航道工程的重要指标。受条件和环境的限制，我国内河水网航道的通航标准普遍较低[1]，随着地区经济和内河运输的发展，部分内河航运发达地区有航道阻塞现象[2]，因此目前我国许多内河航道也正在进行扩能升级改造。而水网工程中，一直以来存在着水网航道通过能力难以计算、水网交通节点流量难以预测的技术难题[3]。

　　传统计算方法模型，例如使用只计算一段航道的单向船舶通过能力的传统计算模型，没有考虑到双向通航、交叉航道的情况[4]，也没有考虑航道等级的差异性、交通分布不均匀等情况，且模型中的修正参数太多[5]。VISSIM是一款世界领先的交通仿真软件，VISSIM既可以生成可视化的交通运行状况，也可以输出各种统计数据，如行程时间、排队长度等[6]。VISSIM能在一个模型中模拟所有交通参与者及他们的决策和交互活动，默认包括私人机动车、货车、有轨公共交通和道路公共交通、行人以及自行车等[7]。采用智能决策模拟仿真的技术方法在精度、全面性、可视性、功能性方面无疑比传统简化计算模型更有优势[8]，通过合适的技术路线进行转换处理后，可用于水网工程交通智能仿真模拟。

　　本文提出用BIM＋交通决策仿真软件（VISSIM等）的方法，实现水网航道通过能力计算、水网交通节点流量预测功能，经实际工程运用验证，方法可行、结果合理，可为航道升级等水网工程提供技术支持与经验参考。

作者简介：罗青，男，工程师，2011年毕业于天津大学，现就职于中水珠江规划勘测设计有限公司，主要从事港口航道与海岸工程设计、工程数字技术研究与应用方面的工作。E－mail：406985668@qq.com。

2　技术路线

运用无人机倾斜摄影＋BIM＋GIS 技术将带有地理信息的 3D 模型导入到 3D 引擎软件和云服务中进行开发和应用，实现测绘、物联网等功能，并结合 VISSIM＋特殊转换方法对水域航道和岸区陆域进行交通智能决策仿真模拟，从而实现计算水网航道的通过能力、预测交通节点流量等功能。功能实现的技术路线如图 1 所示。

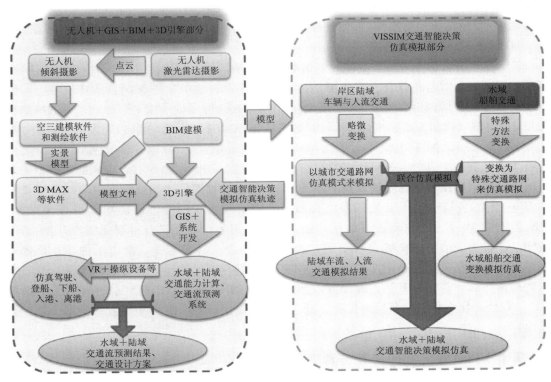

图 1　总体技术路线

3　BIM＋图形引擎实现

3.1　工程三维模型创建

水网工程往往区域范围很大，而无人机倾斜摄影建模技术通过无人机航飞即可获取到丰富的建筑物和地形的高分辨率纹理和数据，从而方便地建立水网广阔区域的真实 3D 模型。并使用 BIM 技术对拟建工程进行建模，包括水域（航道、回旋水域、停泊水域等）、船舶、跨临拦河建筑地物与通航设施（如船闸、导助航设施、水利设施、楼房）等。然而水网工程运用无人机倾斜摄影建模主要有以下 2 个技术难题：

（1）建筑的框架结构较多，而框架结构不适合无人机倾斜摄影建模。水网区域建筑中，桥梁、高桩码头、码头吊机、钢结构等框架结构比例相对较高，而无人机倾斜摄影对框架结构的建模效果最差。

在实际工程应用中，可利用无人机在框架结构上方使用较低的飞行高度进行补摄，再切换使用无人机激光雷达摄像头对框架结构进行补摄，最后将得到的激光点云数据与倾斜摄影数据进行融合再进行内业建模，可以解决这一难题。

（2）架空结构下方被遮挡的建筑细节较多。水网区域建筑的架空结构（仍包括部分框架结构，例如桥梁、高桩码头等）比例相对较高，下方被遮挡，无人机从上方拍摄不到。

在实际工程应用中，对被遮挡的建筑细节，例如桥梁或高桩码头等架空结构下方，可使用无人机极低空飞行侧向拍摄、手持无人机、船载无人机、步行携带具有 RTK 功能的手持相机/背包相机、船载 RTK 相机等方法位于结构下方进行补摄，可以解决这一难题。

3.2 GIS 和 3D 引擎系统开发

GIS 技术又被称为地理信息系统，可对地形地貌因素、地质因素、施工因素等影响水网工程因素进行智慧化整合。当前可选择的 GIS 平台轻量级软件有图新地球软件等，可直接加载无人机倾斜摄影建立的 3D 模型和 BIM 模式。除了轻量级平台外，也可选择结合大型 3D 引擎（例如 UE 和 UNITY）＋无人机＋BIM 进行联合应用和开发。UE 是主流的 3D 引擎之一，支持 2D、3D、VR、AR、MR 等，是当今 3D 软件、3D 游戏、3D 动画的最主要的制作工具之一，且可安装 GIS 插件（例如 cesium 等），有着丰富的地形、天空与海洋等效果和地理信息功能以及最强大的 3D 效果，且同样可加载无人机倾斜摄影模型和 BIM 模型。3D 引擎上开发的系统在测绘、展示和物联网等方面的功能也十分强大。UE 上既可使用 C＋＋语言进行编程开发，也可使用蓝图功能进行可视化编程开发。UE 蓝图是非常先进的可视化编程环境和方式，开发方便、容易上手、面向组件、开发效率高，更适合水利、港航设计人员。UE 中使用蓝图进行逻辑设计更为直观，但是对于复杂的数据操作部分则无从下手，因此可以使用 C＋＋实现数据操作的底层逻辑。无论当前 UE 工程处于什么状态，即使创建项目时选择的是基于蓝图，也可实现蓝图与 C＋＋混合编程。

4 基于 VISSIM 的智能决策仿真实现

4.1 主要技术难点

VISSIM 作为一款主要用来城市交通仿真的软件，通过一定的特殊技术路线转换方法，也可用于水网工程交通智能仿真模拟。从技术难点分析，水网交通智能模拟仿真可先分为 2 个不同区域部分：岸区陆域交通仿真模拟、水域交通仿真模拟。

（1）岸区陆域（包括港区）交通仿真模拟与城市交通仿真方法类似，因此较为容易解决，但仍需解决部分模型问题。

（2）用 VISSIM 进行水域交通仿真模拟，这并不是 VISSIM 原有的功能，需要用特殊方法转换，进行替换代入模拟。

以上陆域、水域两方面交通内容，虽然技术方法和难度差别较大，但经转换后仍可在同一个模型进行，之后需要将 VISSIM 与 3D 引擎技术相结合。

4.2 交通智能决策仿真 VISSIM 在岸区陆域中的应用

与城市中交通仿真的方法大致相同，但港区的特殊车辆在 VISSIM 中没有对应的自带默认车辆模型，可通过 3D MAX 等 3D 建模软件制作模型，然后导出为 ＊.3DS 格式模型；

再把 ＊.3DS 模型导入到 V3DM 软件，再导出模型 ＊.v3d 格式模型，最后导入 VISSIM 中。

4.3 交通智能决策仿真 VISSIM 在水域航道中的特殊应用技术

水网的船舶交通在 VISSIM 里没有自带功能可模拟，需要使用 4.2 中提到的方法＋运用一定的变换代入方法，见表 1。

表 1 水网交通要素在 VISSIM 中的变换方法

水域交通的原本元素	船舶	航道	泊位	船闸	船舶乘客
变换为的 VISSIM 元素	车辆	道路	停车场	停车点	公交乘客

如上表所示，船舶视为一种特殊的车辆来进行变换。应同样使用 4.2 中描述的建立特殊车辆的方法建立并导入船舶 3D 模型，且船舶 3D 模型应符合工程设计对船舶的总长、宽度、货种等船型要求。

并且在 VISSIM 中可由开发使用者自定义交通规则和车辆（船舶）行为决策规则（如跟驰和相遇行为决策规则），应自定义设定参数以符合水域交通情况。

4.4 交通智能决策仿真 VISSIM 模拟结果导入到 3D 引擎

在 VISSIM 中进行模拟后，也可将 VISSIM 仿真模拟动作导入 3D MAX 或 3D 引擎软件，同时将无人机倾斜摄影生成的 3D 地形＋GIS 地理信息地形底图＋BIM 模型导入到 3D 引擎软件中进行系统开发。其中 VISSIM 模拟导入到 3D MAX 较为容易（较新版本自带此功能）[9]，而直接导入到 UNITY、UE 等 3D 引擎软件的方法则较为复杂。例如需要编程制作一个程序脚本，通过生成一个预定义的 VISSIM 网络和数据字典使 3D 引擎和 VISSIM 进行交互和映射[10]。且在水域交通仿真中，将船舶视为一种特殊的车辆代入脚本进行变换，再代入以上步骤。

4.5 应用效果

新海港客货滚装船码头工程设计包含客货滚装船泊位、危险品滚装船泊位、调配泊位以及配套港区水域、陆域交通和结构的工程设计。在设计港区内，车辆驶过接岸设施（可调式滚装车辆滚装桥）直接上下滚装船；旅客人流通过玻璃架空登船廊道上下客货滚装船。在此工程设计中，水域交通方面通过本技术修改完善了进出港航道设计方案；陆域交通方面在模拟中发现了入港小车检查口设置不足导致的登船小车在登船高峰期时在港区入口外长时间排队拥堵的问题，从而增加了小车入港检查口的数量设计；并根据仿真模拟修改完善了从港区客运中心到登船玻璃廊道的登船人流交通设计和危险品车辆待渡区道路的设计。VR 仿真运行界面如图 2、图 3 所示。

5 结语

在水网航道通过能力计算、水网交通节点流量预测等方面，比起以往的传统简化模型的计算方法，本文使用的 BIM＋交通智能决策仿真模拟的计算方法从精度上更加令人满意，在全面性、智能性、可视性、功能性上有了很大提高，并可结合 VR、AR、MR 等技术进行展示。

图 2　对新海港客货滚装船码头危险品车辆待渡区进行 VR
交通模拟仿真驾驶并获得统计数据

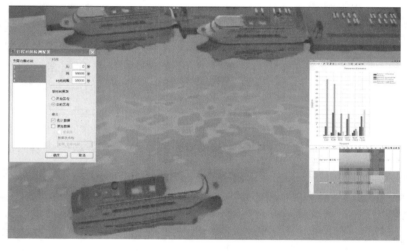

图 3　对新海港客货滚装船码头回旋水域、停泊水域和入港航道进行
VR 交通模拟仿真并获得统计数据

参考文献

［1］　文元桥，刘敬贤．港口公共航道船舶通过能力的计算模型研究［J］．中国航海，2010（2）：35 -
39，55．

［2］　段丽红，文元桥，戴建峰，等．水网航道通过能力的时空消耗计算模型［J］．船海工程，2012，
41（5）：134 - 137．

［3］　王宏达．内河航道通过量估算［J］．水运工程，1998（9）：4 - 6．

［4］ 朱俊，张玮. 基于跟驰理论的内河航道通过能力计算模型 ［J］. 交通运输工程学报，2009，9（5）：83－87.

［5］ 刘明俊，万长征. 航道通过能力影响因素的分析 ［J］. 船海工程，2008，37（5）：116－118.

［6］ 陈春妹，任福田，荣建. 路网容量研究综述 ［J］. 公路交通科技，2002，19（3）：97－101.

［7］ Zheng X，Xin Z，Oh T，et al.，Studying freeway merging conflicts using virtual reality technology ［J］. Journal of safety research，2021，76：16－29.

［8］ Kwon J，Kim J，Kim S，et al. Pedestrians safety perception and crossing behaviors in narrow urban streets：An experimental study using immersive virtual reality technology ［J］. Accident analysis & prevention，2022，174：50－67.

［9］ Sportillo D，Paljic A，Ojeda L. Get ready for automated driving using Virtual Reality ［J］. Accident analysis & prevention，2018，118：102－113.

［10］ Vankov D，Jankovszky D. Effects of using headset－delivered virtual reality in road safety research：A systematic review of empirical studies ［J］. Virtual reality & intelligent hardware，2021，3（5）：351－368.

环北部湾广东水资源配置工程调入区
用水分析与需水研判

何　梁　王占海

（中水珠江规划勘测设计有限公司，广州　510610）

摘　要： 2010—2020 年环北部湾广东水资源配置工程调入区用水总量为 87.89 亿～ 77.90 亿 m³，年均降幅 1.2%，其中农业用水占比基本维持在 76% 以上，为历年主要用水大户；工业用水占比 8.1%～4.8%，整体逐渐下降；生活、生态总用水占 15.0%～17.2%，比重缓慢提高，用水结构变化趋势与地区经济社会发展实际情况相符。通过国家、区域和省级 3 个层面逐级梳理调入区经济社会发展重大战略，结合近十年用水变化分析成果，研判新形势下需水增长发展方向及空间布局，对于环北部湾广东水资源配置工程合理预测需水量、优化工程布局与规模十分必要。

关键词： 环北部湾；用水变化；发展战略；需水研判

环北部湾广东水资源配置工程已列入国家 2020 年及后续 150 项重大水利工程建设项目清单，调入区涉及粤西地区湛江、茂名、阳江和云浮 4 个地级市，是国家北部湾城市群、珠江—西江经济带的核心城市，也是广东省沿海经济带的重要组成部分，区位优势明显。工程开发任务以城乡生活和工业供水为主，兼顾农业灌溉，为改善水生态环境创造条件。工程实施后可长远解决粤西地区水资源承载能力与经济发展布局不匹配的问题，有效缓解区域缺水情势，改善城乡供水水源单一的供水格局，并为热带特色农业灌溉提供水源，还可为退减超采地下水、退还挤占的农业和生态水量创造条件，大幅提高区域供水安全保障能力。为合理谋划工程建设方案，通过分析调入区近十年用水变化趋势，结合最新经济社会发展重大战略与规划，研判新形势下区域需水增长方向及产业布局意义重大[1-6]。

1　用水变化分析

根据 2010—2020 年广东省水资源公报（表 1），调入区用水总量由 2010 年的 87.89 亿 m³ 减少至 2020 年的 77.90 亿 m³，年均降幅 1.2%，其中 2010—2015 年略有起伏但基本维持不变，2015 年后逐渐下降。从用水结构来看，2010—2020 年各行业变化不大，农业用水占用水总量 76% 以上，为主要用水大户；工业用水占用水总量最高 8.1%、最低 4.8%，呈逐渐下降趋势；生活、生态总用水占用水总量的 15.1%～17.2%，比重逐渐提高。

作者简介：何梁（1985—　），女，高级工程师，硕士，从事水资源规划与水利工程设计等。E - mail：441711163@qq.com。

调入区用水总量整体下降的主要原因是农业、工业用水减少。农业为调入区用水大户，2010—2020 年随着大型和部分中型灌区的续建配套和节水改造，灌溉水利用系数逐年提高，在历年实灌面积变化不大的情况下，农田灌溉用水缓慢减少；工业用水在2010—2014 年间变化不大，2015 年以后随着节水力度加大，万元工业增加值用水量下降较快，基本达到广东省较为先进水平，导致 2015 年后工业用水量明显降低。

从 2010—2020 年调入区各市用水关系来看（图 1），茂名市、湛江市是主要用水大户，用水比重合计 65.0%~67.9%；阳江市、云浮市用水比重大致相当。近十年调入区 4 市用水占比及相对关系较为稳定，与目前调入区经济社会发展格局及各市发展水平基本一致。

表 1　　　　2010—2020 年环北部湾广东水资源配置工程调入区用水量

年份	用水量/亿 m³				
	生活	工业	农业	生态	合计
2010	12.84	6.45	68.21	0.39	87.89
2011	12.88	7.02	66.56	0.38	86.84
2012	12.32	6.13	66.00	0.42	84.87
2013	12.35	6.43	65.25	0.41	84.43
2014	12.73	6.86	64.84	0.42	84.84
2015	13.03	6.32	67.36	0.48	87.19
2016	13.17	6.14	65.27	0.72	85.31
2017	12.93	5.89	63.27	0.65	82.74
2018	12.54	5.04	61.10	0.57	79.24
2019	12.94	4.37	59.40	0.35	77.06
2020	13.04	3.71	60.80	0.35	77.90

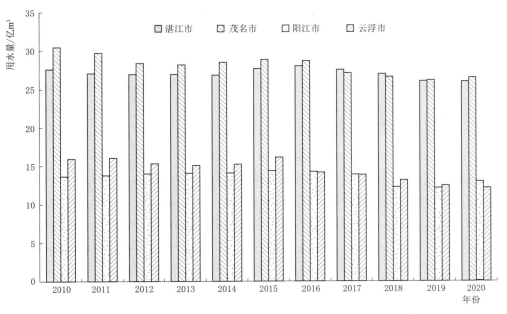

图 1　2010—2020 年环北部湾广东水资源配置工程调入区用水结构

2 经济社会发展新形势

2.1 国家层面

2010 年 12 月，国务院批复《全国主体功能区规划》[7]。规划提出北部湾地区为"国家层面重点开发区域"，区域定位为全国"两横三纵"城市化战略格局中沿海通道纵轴的南端，我国面向东盟国家对外开放的重要门户，中国-东盟自由贸易区的前沿地带和桥头堡，区域性的物流基地、商贸基地、加工制造基地和信息交流中心。2018 年 10 月，习近平总书记视察广东并发表重要讲话，对广东深化改革开放、推动高质量发展、提高发展的平衡性和协调性等提出明确要求，同时提出要把汕头、湛江作为重要发展极，打造现代化沿海经济带[8]。

2.2 区域层面

（1）2014 年 10 月，国务院批复《珠江—西江经济带发展规划》[9]，珠江—西江经济带上升为国家发展战略。规划提出广东省广州、佛山、肇庆、云浮 4 市和广西壮族自治区南宁、柳州、梧州、贵港、百色、来宾、崇左 7 市，定位为西南中南开发发展战略支撑带、东西部合作发展示范区、流域生态文明建设实验区、海上丝绸之路桥头堡。

（2）2017 年 1 月，国务院批复《北部湾城市群发展规划》[10]，标志着北部湾城市群发展纳入国家发展战略。北部湾城市群包括广西壮族自治区南宁、北海、钦州、防城港、玉林、崇左 6 市，广东省湛江、茂名、阳江 3 市和海南省海口、儋州、东方、澄迈、临高、昌江 6 市（县），总体定位是发挥地缘优势，挖掘区域特质，建设面向东盟、服务"三南"（西南、中南、华南）、宜居宜业的蓝色海湾城市群。

（3）2019 年 2 月，中共中央、国务院印发《粤港澳大湾区发展规划纲要》[11]，指出要统筹珠三角 9 市与粤东西北地区，带动中南、西南地区，辐射东南亚、南亚，联动海峡西岸、北部湾城市群。

2.3 省级层面

（1）2017 年 10 月，广东省人民政府印发《广东省沿海经济带综合发展规划（2017—2030 年）》[12]，提出沿海经济带战略定位为全国新一轮改革开放先行地、国家科技产业创新中心、国家海洋经济竞争力核心区、"一带一路"倡议的枢纽和重要引擎、陆海统筹生态文明示范区、最具活力和魅力的世界级都市带。同时，规划提出构建"一心两极双支点"发展总体格局，以湛江为中心打造西翼沿海经济增长极，将湛江作为省域副中心城市。

（2）2019 年 7 月，广东省委和省政府印发《关于构建"一核一带一区"区域发展新格局促进全省区域协调发展的意见》[13]，提出以功能区战略定位为引领，加快构建形成由珠三角地区、沿海经济带、北部生态发展区构成的"一核一带一区"区域发展新格局。"一带"为沿海经济带，是新时代全省发展的主战场，包括珠三角沿海 7 市和东西两翼地区 7 市，其中西翼以湛江市为中心，包括湛江、茂名、阳江 3 市；重点推进汕潮揭城市群和湛茂阳都市区加快发展，强化基础设施建设和临港产业布局，疏通联系东西、连接省外的交通大通道，拓展国际航空和海运航线，对接海西经济区、海南自由贸易港和北部湾城市群，把东西两翼地区打造成全省新的增长极，与珠三角沿海地区串珠成链，共同打造世界级沿海经济带，加强海洋生态保护，构建沿海生态屏障。

从上述调入区最新经济社会发展重大战略与规划可以看出，无论是国家主体功能区定位，还是国家、区域及省级的经济社会发展规划均为环北部湾广东地区经济社会发展指明了方向，为区域的经济腾飞奠定了坚实基础，区域将迎来历史发展的最好机遇。

3 新形势下需水增长研判

近年来，随着北部湾城市群深层次开放，调入区各市经济得到了快速发展，区域整体经济实力和人民生活水平迅速提高，地区生产总值增速接近同期粤港澳大湾区、略高于广东省平均水平，工业增加值增速则高于粤港澳大湾区和广东省平均指标。在国家、区域和省级3个层面的经济社会发展新形势带动下，预判未来调入区需水增长主要以现有产业体量为基础，以规模化、集约化、精细化的产业聚集为引擎，因地制宜、创新驱动，带动区域增量经济实现高质量、跨越式发展，需水增长主要向用水大户湛江、茂名2市聚集，需水增长的重点产业方向及空间布局见表2。

（1）湛江市定位为广东省域副中心城市、北部湾城市群中心城市、"一带一路"海上丝绸之路战略支点城市，地理位置优越，是广东省的重要发展极。现状产业以钢铁、石油化工、造纸、生物医药等为主，未来将以产业园区为载体，紧扣海洋经济、军民融合、枢纽型及都市型经济特色，充分发挥三大产业航母撬动效应，构建以临港钢铁、临港石化、森工造纸为主导，装备制造、生物医药、渔业及食品加工、新能源、家电家具、现代物流、滨海旅游、科技信息、商贸服务九大产业支撑为特色的湛江"3＋9"现代化产业体系，通过交通物流节点，使得各产业园发展要素互联互通，形成"一核三带、联动发展"的格局，构建湛江产业生态体系。

（2）茂名市是中国南方重要的石化生产出口基地和广东省能源基地，"三高农业"发展蓬勃。目前初步形成了石油化工、不锈钢、食品加工、珠宝加工、矿产加工等一批特色产业集群，未来将抓住全球重化工业临海布局和各种有利的内在条件，构筑临海型、资源型重化工业基地，壮大石化、电力两大支柱产业，以地方优势农副产品加工业为主导产业，积极发展矿产资源深加工，走具有区域特色的战略性新兴产业发展之路，积极切入新材料和核电装备等新兴产业。

（3）阳江市是全国拥有国家级渔港最多的地级市，也是中国五金制品（阳江刀剪工具）出口、刀剪产业和餐厨用品出口基地以及国家刀剪质检中心。目前初步形成了以合金材料、风电两大新兴产业和五金刀剪、电力能源、食品加工、服装鞋帽四大传统产业齐头并进的现代化产业体系，但工业主要分布在交通干线沿线及沿海，总体呈现"东强西弱"的局面，未来工业空间将呈现"由分散到整合，由内陆到沿海布局"的变化调整，通过做强做大临海工业、海洋旅游、海洋生物等海洋产业，引领阳江以及滨海新区的产业发展。

（4）云浮市是全国最大的硫化工生产基地、中国石材基地中心。目前该市以产业园区等平台载体为抓手深入实施产业强市战略，新兴特色产业加快培育，传统产业转型升级有序，未来全市将推动产业基础高级化、产业链供应链现代化，主要聚力打造战略性产业集群，以"4＋2＋1"产业集群体系促进三次产业优化升级，统筹新兴产业与传统产业协调并重发展。

表 2	环北部湾广东水资源配置工程调入区重点发展产业及空间布局
调入区	重点发展产业布局
湛江市	奋勇高新区、雷州、徐闻等区域打造产业拓展带，扩大发展空间；麻章、坡头、遂溪、廉江、霞山等区域打造产业升级带，调整发展结构；霞山、赤坎、南三岛滨海旅游示范区、吴川等区域打造产业服务带，优化发展业态
茂名市	滨海新区、茂南石化工业园等大力拓展石油化工产业链；信宜石材工业园及石材交易市场、化州市等做大矿产资源加工及建材产业；高新区、博贺新港区、高州工业园、化州不锈钢加工产业集聚区等发展金属新材料及装备制造业；化州市做强农副产品加工产业；高新区健康产业园、水东湾新城医药物流园、化州橘红产业园、化州医药物流园等培育发展生物医药与健康产业
阳江市	涉及江城区、阳西县的滨海新区规划为"一核、两轴、两带、四大功能区"的空间总体格局以及"两带、三片、六区"的产业空间格局
云浮市	各县（市、区）分别有 1～2 家省级开发区；发展壮大金属智造、生物医药、信息技术应用创新、氢能等 4 个工业产业集群，优质发展文化旅游业、现代物流业等 2 个服务产业集群以及发展现代特色农业；大力推动传统产业改造升级，提升科技含量和绿色要素，从资源型、加工型向生态型、科技型全产业链优化升级

4 结论与展望

（1）2010—2020 年调入区用水总量整体呈缓慢下降趋势，最严格水资源管理工作成效显著。由于节水工作的持续推进和生活品质的逐步提高，农业用水量明显降低，但仍为主要用水大户；工业用水量逐年减少，用水占比有所下降；生活、生态用水量相对稳定，但用水占比稳步提高，符合经济社会高质量发展需求。

（2）未来调入区在国家、区域、省级 3 个层面都将迎来重大利好政策与前所未有的发展机遇，通过分析调入区近十年用水变化和经济发展趋势，预判新形势下区域需水增量发展着力点主要聚集在重点产业谋划及其空间布局规划方面，建议为未来发展适当预留需水增长余度。

（3）影响区域经济社会发展的因素错综复杂、互相影响，导致需水增长的方向和体量也具有较大不确定性，为更好优化环北部湾广东水资源配置工程布局与规模，后续有待进一步研究如何合理量化预测调入区需水量。

参考文献

［1］ 王喜峰，马真臻. 双循环格局下我国需水空间形势的研判 ［J］. 中国水利，2021（21）：32 - 34.

［2］ 姜蓓蕾，耿雷华，吕良华，等. 雄安新区用水变化分析及需水管理对策 ［J］. 中国水利，2021（15）：29 - 31.

［3］ 宗鑫. 基于 SD 模型的甘肃省水资源承载力及结构性需水预测 ［J］. 中国农村水利水电，2021（12）：83 - 90，98.

［4］ 夏锋，索梅芹，王一杰，等. 基于节水条件的邯郸市工业需水预测 ［J］. 人民珠江，2021（11）：77 - 82.

［5］ 潘阳，王丹. 基于强化节水的城市需水预测方法 ［J］. 河南水利与南水北调，2020（8）：100 - 101.

［6］ 刘晶，许月萍，郭玉雪，等. 考虑再生水的多种组合情景需水预测及供需平衡分析 ［J］. 中国农村水利水电，2022（3）：39 - 47，53.

［7］ 国务院关于印发全国主体功能区规划的通知［EB/OL］.（2010-12-21）［2022-07-11］.

［8］ 总结经验 奋勇向前：五论深入贯彻落实习近平总书记广东考察重要讲话精神［N］. 光明日报，2018-10-31（2）.

［9］ 国务院关于珠江—西江经济带发展规划的批复［EB/OL］.（2014-07-08）［2022-07-11］.

［10］ 国务院关于北部湾城市群发展规划的批复［EB/OL］.（2017-01-20）［2022-07-11］.

［11］ 中共中央 国务院印发《粤港澳大湾区发展规划纲要》［EB/OL］.（2019-02-18）［2022-07-11］.

［12］ 广东省人民政府关于印发广东省沿海经济带综合发展规划（2017—2030年）的通知［EB/OL］.（2017-10-27）［2022-07-11］.

［13］ 广东省委省政府印发关于构建"一核一带一区"区域发展新格局促进全省区域协调发展的意见［EB/OL］.（2019-07-24）［2022-07-11］.

南水北调中线工程左排建筑物排水通道防洪能力复核研究

熊　燕[1]　冯志勇[2,3]　刘　强[2,3]　吴永妍[2,3]　王　磊[2,3]

(1. 中国南水北调集团中线有限公司，北京　100038；
2. 长江勘测规划设计研究有限责任公司，武汉　430010；
3. 水利部水网工程与调度重点实验室，武汉　430010)

摘　要： 工程安全运行是南水北调中线工程的生命线。近年来中线工程沿线下垫面不断发生变化，加之极端暴雨事件频发、中线工程左排建筑物排水通道行洪不畅等问题频频出现，对中线工程防洪安全造成了一定负面影响。本文选取麦子河排水渡槽和齐庄南沟排水倒虹吸两座典型左排建筑物，通过构建平面二维水动力模型，开展中线工程左排建筑物排水通道防洪能力复核研究。计算结果表明，现状条件下麦子河排水渡槽和齐庄南沟排水倒虹吸建筑物本身满足设计防洪标准，但是由于地方沟道防洪标准偏低，左排建筑物排水通道与天然沟道连接处发生洪水漫溢，导致临近村庄部分区域发生淹没，建议对存在洪水漫溢风险的左岸建筑物上、下游沟渠进行工程整治，提升行洪能力，同时对上游渠道防洪堤加高培厚，降低洪水入渠和居民区淹没风险。该成果可为南水北调中线工程左排建筑物排水通道安全风险评估及管控措施提供支撑。

关键词： 南水北调中线工程；左排建筑物；防洪能力；平面二维数值模拟

南水北调中线工程是解决我国北方地区水资源短缺问题的战略性基础工程，工程沿线布置各类建筑物共计2385座，其中左排建筑物是将左岸洪水排至右岸的重要建筑物，对于确保南水北调中线工程安全具有重要意义。然而，由于近年来中线工程沿线下垫面不断变化，加之全球气候变化导致的极端暴雨事件频发，中线工程左排建筑物排水通道行洪不畅等问题频频出现，对中线工程防洪安全造成了一定负面影响。同时，沿线经济社会的高速发展使得中线工程部分原来偏离城镇的渠道已成为城中渠道，对左排建筑物的防洪安全保障提出了更高要求。因此，迫切需要开展南水北调中线工程左排建筑物排水通道防洪能力复核研究，为中线工程安全运行和风险管理提供技术支撑。

　　基金项目：国家重点研发计划项目（编号：2021YFC3200200）。
　　作者简介：熊燕（1982— ），女，高级工程师，主要从事南水北调工程建设和运行管理工作。E-mail：xiongyan@nsbd.cn。
　　通信作者：冯志勇（1992— ），男，工程师，博士，研究方向为水力学及河流动力学。E-mail：fengzhiyong@cjwsjy.com.cn。

国内学者就南水北调中线工程左排建筑物防洪能力开展了一定研究[1-3]，如唐景云等[1]采用一维串流调洪演算模型开展了中线总干渠修建后对左岸的防洪影响分析；焦军丽[2]基于MIKE21模型构建了二维降雨径流模型，模拟分析了中线工程郑州区域某区段地形变化下的积水分布。本文选取南水北调中线工程麦子河排水渡槽和齐庄南沟排水倒虹吸两座典型左排建筑物，结合无人机航摄和数值模拟等手段，开展南水北调中线工程左排建筑物排水通道防洪能力复核研究。

1 工程概况

南水北调中线一期工程全长1432km，多年平均调水量95亿 m^3，渠首设计流量350 m^3/s，加大流量420 m^3/s。自通水以来，中线工程已向沿线20多座大、中城市累计调水超523亿 m^3，成为受水区城市重要水源，极大缓解了受水区用水矛盾，取得了显著的经济、社会和生态效益。

南水北调中线工程全线立交输水，输水总干渠阻隔了沿线天然河道（沟）流路，需布置建筑物为天然河道（沟）提供水流通道，其中集水面积小于 $20km^2$ 的河流与总干渠交叉处布置左排建筑物。中线工程沿线布置左排建筑物458座，洪水标准按50年一遇设计、200年一遇校核。根据交叉河流与总干渠的相对高程关系，中线工程左排建筑物可分为排水渡槽、排水倒虹吸、排水涵洞三种型式；根据是否与邻近河流发生串流，交叉河流又可分为单独汇流区和串流区。

本文选取麦子河排水渡槽和齐庄南沟排水倒虹吸两座典型左排建筑物，开展现状条件下中线工程左排建筑物排水通道防洪能力复核，其中麦子河与下游仙河发生串流，麦子河排水渡槽与下游仙河排水渡槽联合承接左岸洪水；齐庄南沟处于单独汇流区，左岸洪水通过排水倒虹吸排至总干渠右岸。根据有关设计报告，两座左排建筑物的工程设计参数见表1。

表1　　　　　　　　　　　　　典型左排建筑物工程基本参数

名　称	桩号	长度/m	过水断面	交叉处总干渠渠顶高程/m
麦子河排水渡槽	43＋032	195.2	8.0m×2.5m	146.658
齐庄南沟排水倒虹吸	157＋752	133.7	6孔×4m×4m	139.291

根据当地管理处反映情况，结合现场调研发现，麦子河排水渡槽和齐庄南沟排水倒虹吸出口下游与地方天然沟道相连，存在沟道过流能力不足导致下游洪水位抬升影响左排行洪的问题，同时麦子河排水渡槽进口断面狭窄，加之左岸下垫面变化，存在渡槽行洪漫溢、外水入渠等风险。因此，麦子河排水渡槽和齐庄南沟排水倒虹吸排水通道防洪能力复核结果对于其他左排建筑物排水通道防洪能力复核具有一定的借鉴意义。麦子河排水渡槽和齐庄南沟排水倒虹吸地理位置分布和现场调研情况分别见图1和图2。

2 左排建筑物排水通道平面二维水动力模型

2.1 模型简介

采用荷兰Deltares公司开发Delft3D数值模型系统开展左排建筑物排水通道防洪能力

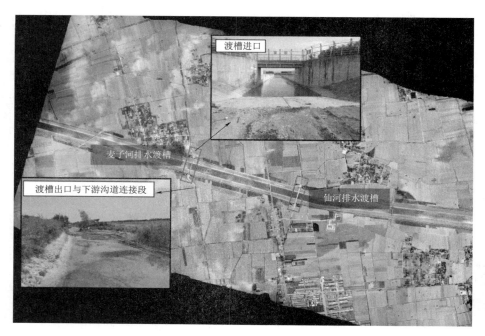

彩图

图 1　麦子河排水渡槽地理位置分布

彩图

图 2　齐庄南沟排水倒虹吸地理位置分布

复核计算。模型的水流控制方程为不可压缩黏性流体的 Navier - Stokes 方程，数值格式采用交错网格下的 ADI 时间积分法，具有计算稳定且精度高的特点。目前 Delft3D 各计算模块已完全开源，用户可以根据需要自行编译源代码以实现不同的功能[4]。需要注意的是，受管身高度限制，倒虹吸建筑物内水流无法自由发育，采用Delft3D中的亚网格技术将倒虹吸概化为涵管以模拟倒虹吸管内水动力过程，并在动量方程中加入额外的二次损失项，模拟倒虹吸管存在造成的能量损失。Delft3D模型的控制方程和离散格式具体可参考用户手册[5]。

2.2　网格剖分与地形插值

采用Delft3D中的Flow水动力模块分别构建麦子河排水渡槽和齐庄南沟排水倒虹吸平面二维水动力模型。为考虑不同洪水频率下麦子河和下游仙河可能发生的串流过程，麦子河排水渡槽水动力模型计算区域包括麦子河排水渡槽和仙河排水渡槽，以及其左右岸约1km区域，齐庄南沟排水倒虹吸水动力模型计算区域包括排水倒虹吸以及其左右岸约1km区域。采用正交贴体网格对模型计算区域进行离散，麦子河排水渡槽水动力模型网格数量为502×218，总计算面积近$3km^2$，齐庄南沟排水倒虹吸水动力模型网格数量为452×230，总计算面积近$2.5km^2$。计算区域内截流沟处网格进行局部加密，以模拟截流沟内的水流演进过程。两个模型的计算网格见图3。

（a）麦子河　　　　　　　　　　　　　（b）齐庄南沟

图3　麦子河排水渡槽和齐庄南沟排水倒虹吸水动力模型计算网格

彩图

采用无人机低空航测获取麦子河排水渡槽和齐庄南沟排水倒虹吸上下游附近范围内的1∶2000地形数据，形成数字高程模型（DEM），高程基准面为1985黄海高程。水动力模型的计算网格地形根据数字高程模型，采用三角插值计算得到，插值结果见图4。

2.3　计算边界条件

平面二维水动力模型的模型上边界采用流量边界，下边界采用自由出流边界。考虑20年一遇、50年一遇和200年一遇洪水过程三种计算工况，三个场次洪水的持续时间均为24h，麦子河、仙河和齐庄南沟不同频率下的洪水过程根据已有研究成果确定[6]。

2.4　模型关键参数选取

模型计算时间步长取为0.01min，干湿边界取为0.1m，采用恒定水位条件启动，启动时间2h。糙率是影响水动力模型计算精度的关键参数。本文首先根据无人机航测影像

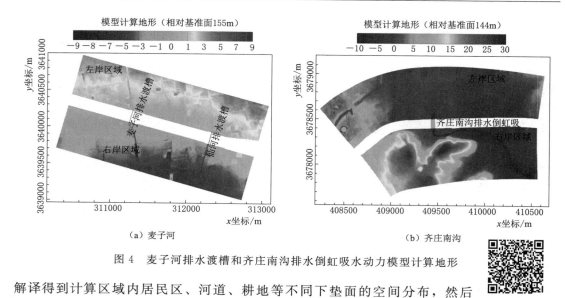

图 4　麦子河排水渡槽和齐庄南沟排水倒虹吸水动力模型计算地形

解译得到计算区域内居民区、河道、耕地等不同下垫面的空间分布，然后参考已有资料确定不同下垫面的糙率取值[7]，耕地糙率取值为 0.05、居民区糙率取值为 0.1、河道糙率取值为 0.03。

3　结果与分析

3.1　模型验证

为验证所建模型的合理性，进行排水渡槽和排水倒虹吸建筑物过流能力模拟。不同来水频率下麦子河排水渡槽、仙河排水渡槽和齐庄南沟排水倒虹吸进口水位计算值与初步设计阶段水力计算成果的对比见表 2。根据对比结果可知，50 年一遇洪水频率下，左排建筑物进口水位模拟结果与初步设计阶段成果相差 -0.12~0.02m；200 年一遇洪水频率下，左排建筑物进口水位模拟结果与初步设计阶段成果相差 -0.13~0.1m，模型计算结果与初步设计阶段成果差异较小，表明所建模型可以较准确地模拟水流经左排建筑物向下游的演进过程。

表 2　　　　　　左排建筑物过流能力模拟结果与初步设计阶段成果的对比

建筑物	来水频率	流量 /(m³/s)	模型计算值 /m	初步设计成果 /m	误差 /m
麦子河排水渡槽	50 年一遇	43.45	153.39	153.51	-0.12
	200 年一遇	80.38	154.2	154.1	0.1
仙河排水渡槽	50 年一遇	103.64	155.0	155.08	-0.08
	200 年一遇	111.35	155.15	155.28	-0.13
齐庄南沟排水倒虹吸	50 年一遇	263	142.27	142.25	0.02
	200 年一遇	367	142.95	142.98	-0.03

3.2　左排建筑物漫溢风险分析

通过分析不同洪水频率下渡槽内计算水深与渡槽净高的关系来评估现状下垫面条件下

麦子河排水渡槽和仙河排水渡槽的防洪风险,计算水深与渡槽净高的对比结果见表3。根据计算结果可知,20年一遇、50年一遇和200年一遇洪水频率下,麦子河排水渡槽内水深分别为1.77m、1.96m和2.23m,均低于渡槽净高;不同洪水频率下仙河排水渡槽内水深分别为2.05m、2.12m、2.28m,也均低于渡槽净高,表明现状条件下,麦子河和仙河排水渡槽内槽水不会发生漫溢。由于倒虹吸建筑物内水流无法自由发育,齐庄南沟排水倒虹吸内水流不存在漫溢风险。

表3　　　　　　　现状条件下麦子河排水渡槽和仙河排水渡槽漫溢风险分析

建筑物	来水频率	流量/(m³/s)	计算水深/m	渡槽净高/m	差值/m
麦子河排水渡槽	20年一遇	37.7	1.77	2.5	0.73
	50年一遇	46.09	1.96	2.5	0.54
	200年一遇	66.06	2.23	2.5	0.27
仙河排水渡槽	20年一遇	59.07	2.05	3.15	1.1
	50年一遇	81.11	2.12	3.15	1.03
	200年一遇	109.33	2.28	3.15	0.87

3.3　外水入渠风险分析

沿左排建筑物选取一系列监测点,通过对比不同洪水频率下监测点位置处的计算水位与总干渠堤顶高程的关系来评估左岸洪水进入总干渠的风险,麦子河排水渡槽和齐庄南沟排水倒虹吸附近的水位监测点分布见图5。

(a) 麦子河　　　　　　　　　　　　　(b) 齐庄南沟

图5　麦子河排水渡槽和齐庄南沟排水倒虹吸外水入渠风险监测点分布示意图

彩图

麦子河排水渡槽附近监测点的计算水位与总干渠堤顶高程的对比见表4,20年一遇、50年一遇和200年一遇洪水过程下,麦子河排水渡槽与仙河排水渡槽进口附近的计算水位均低于总干渠堤顶高程,无外水入渠风险,其中20年一遇洪水过程下计算水位较总干渠堤顶高程低0.41～1.18m、50年一遇洪水过程下计算水位较总干渠堤顶高程低0.29～1.06m、200年一遇洪水过程下计算水位较总干渠堤顶高程低0.15～0.99m。

表 4 麦子河和仙河排水渡槽附近计算洪水位与总干渠堤顶高程的关系

监测点序号	20 年一遇洪水频率		50 年一遇洪水频率		200 年一遇洪水频率	
	计算水位/m	差值/m	计算水位/m	差值/m	计算水位/m	差值/m
1	155.34	1.59	155.34	1.59	155.34	1.59
2	—	—	—	—	—	—
3	—	—	155.98	0.97	156.11	0.84
4	155.92	0.92	156.04	0.8	156.17	0.67
5	155.93	0.79	156.05	0.67	156.18	0.54
6	155.93	0.63	156.05	0.51	156.18	0.38
7	155.92	0.68	156.05	0.55	156.18	0.42
8	155.91	0.68	156.04	0.55	156.17	0.42
9	155.9	0.78	156.02	0.66	156.16	0.52
10	155.88	0.41	156	0.29	156.14	0.15
11	155.86	0.98	155.98	0.86	156.11	0.73
12	155.8	1.18	155.92	1.06	156.05	0.93
13	155.75	0.96	155.86	0.85	155.98	0.73
14	155.68	0.82	155.79	0.71	155.91	0.59
15	155.61	1.12	155.71	1.02	155.83	0.9
16	155.53	0.86	155.62	0.77	155.73	0.66
17	—	—	—	—	155.55	0.99

齐庄南沟排水倒虹吸附近监测点的计算水位与总干渠堤顶高程的对比如表 5 所示，20 年一遇、50 年一遇、200 年一遇洪水过程下齐庄南沟排水倒虹吸进出口附近计算水位均低于总干渠堤顶高程，无外水入渠风险，其中 20 年一遇洪水过程下计算水位较总干渠堤顶高程低 1.09～2.32m、50 年一遇洪水过程下计算水位较总干渠堤顶高程低 0.93～2.4m、200 年一遇洪水过程下计算水位较总干渠堤顶高程低 0.42～1.79m。

表 5 齐庄南沟排水倒虹吸附近计算洪水位与总干渠堤顶高程的关系

监测点序号	20 年一遇洪水频率		50 年一遇洪水频率		200 年一遇洪水频率	
	计算水位/m	差值/m	计算水位/m	差值/m	计算水位/m	差值/m
1	143.11	1.09	143.27	0.93	143.5	0.7
2	142.24	2.32	142.59	1.97	143.05	1.51
3	—	—	142.33	2.4	142.94	1.79
4	141.68	2.86	142.28	2.26	142.95	1.59
5	141.73	2.27	142.35	1.65	142.97	1.03
6	141.73	1.71	142.34	1.1	142.95	0.49
7	141.95	1.8	142.31	1.44	142.89	0.86

监测点序号	20年一遇洪水频率		50年一遇洪水频率		200年一遇洪水频率	
	计算水位/m	差值/m	计算水位/m	差值/m	计算水位/m	差值/m
8	141.98	1.52	142.31	1.19	142.88	0.62
9	141.98	1.52	142.3	1.2	142.88	0.62
10	141.97	1.33	142.28	1.02	142.87	0.43
11	—	—	—	—	142.83	0.43
12	142.11	1.12	142.16	1.07	142.79	0.44
13	—	—	—	—	142.79	0.52
14	139.7	1.25	139.84	1.11	140.11	0.84

3.4 左右岸淹没风险分析

根据不同洪水频率下计算区域的最大淹没水深，分析现状条件下左排建筑物上下游淹没风险。20年一遇、50年一遇和200年一遇洪水过程下麦子河排水渡槽和齐庄南沟排水渡槽计算区域的最大淹没水深分布分别如图6、图7所示。

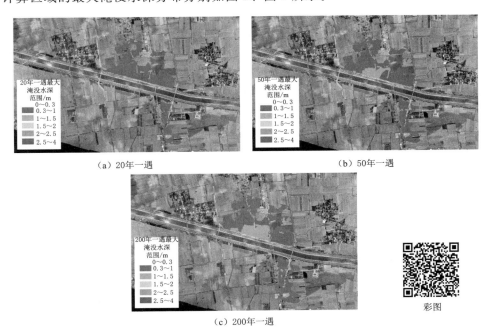

（a）20年一遇　　　　　　（b）50年一遇

（c）200年一遇

彩图

图6　不同洪水频率下麦子河排水渡槽左右岸最大淹没水深分布

根据麦子河排水渡槽左右岸最大淹没水深计算结果可知，3种计算工况下麦子河和仙河洪水发生串流，串流洪水在左右岸地形低洼地带形成积水，积水范围和积水深度随着上游来流量的增加而增加。左岸淹没范围主要集中在麦子河排水渡槽和仙河排水渡槽间的总干渠左岸低洼地带、靠近仙河排水渡槽进口处，其中200年一遇洪水过程下农田淹没面积约为33.82万 m^2；右岸淹没范围主要集中在仙河排水渡槽出口处，其中200年一遇洪水

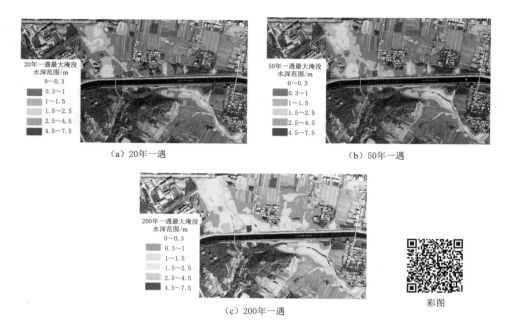

（a）20年一遇

（b）50年一遇

（c）200年一遇

彩图

图 7   不同洪水频率下齐庄南沟排水倒虹吸左右岸最大淹没水深分布

过程下农田淹没面积约为 8.75 万 m^2、房屋淹没面积约为 1.35 万 m^2。由于麦子河排水渡槽进口处淹没范围较小，而仙河排水渡槽进口处附近无居民区，因此上游洪水下麦子河排水渡槽左岸居民区的防洪风险较低。但仙河排水渡槽出口处由于地方天然河沟防洪标准低，左排洪水在该处发生漫溢，淹没范围较大，可能会威胁该区域人民生命财产安全。

根据齐庄南沟排水倒虹吸左右岸最大淹没水深计算结果可知，3 种计算工况下洪水均从齐庄南沟主槽向低洼区域漫溢，漫溢范围和淹没水深随着上游来流量的增加而增加，其中 20 年一遇洪水过程下的漫溢洪水基本不淹没齐庄南沟排水倒虹吸进口处的齐庄村，但 50 年一遇和 200 一遇洪水过程下的漫溢洪水开始侵占齐庄村下缘，其中 200 年一遇洪水过程下左岸农田淹没面积约为 15.09 万 m^2、房屋淹没面积为 2.35 万 m^2，可能会威胁左岸居民区人民生命财产安全。右岸淹没区域主要为出口下游天然河沟两侧农田，其中 200 年一遇洪水过程下右岸农田淹没面积约为 6.65 万 m^2。

4   结论

本文基于工程设计资料，结合最新无人机航测地形数据，采用平面二维水动力模拟手段研究了南水北调中线工程两座典型左排建筑物排水通道的现状防洪能力，主要结论如下：

（1）现状条件下麦子河排水渡槽、仙河排水渡槽和齐庄南沟排水倒虹吸在遭遇 20 年一遇、50 年一遇、200 年一遇上游洪水过程时建筑物本身均满足设计防洪标准，外水入渠风险低；

（2）由于地方沟道防洪标准偏低，左排建筑物下游与天然沟道连接处均发生洪水漫溢，且由于上游沟渠过流能力不足，齐庄南沟排水倒虹吸在遭遇 200 年一遇洪水时，进口临近村庄部分区域发生淹没，危及居民生命财产安全；

（3）建议按照相应防洪标准，对存在洪水漫溢风险的左岸建筑物上、下游沟渠进行工程整治，提升行洪能力，降低洪水漫溢风险，同时对左排建筑物所在渠段上游渠道防洪堤加高培厚，降低洪水入渠和居民区淹没风险。

参考文献

[1] 唐景云，肖万格，汪映武. 南水北调中线总干渠陶岔–沙河南段交叉河流调洪演算方法探讨 [J]. 水利水电快报，2006，27（21）：22-24.

[2] 焦军丽. 基于 MIKE21 模型的南水北调中线工程防洪复核分析 [J]. 吉林水利，2022（4）：37-41.

[3] 陈辉. 南水北调中线一期工程总干渠防洪水位研究 [J]. 人民长江，2013，44（16）：100-104.

[4] 冯志勇，吴门伍，吴小明，等. 深圳河近期回淤特征及回淤机理研究 [J]. 武汉大学学报（工学版），2020，53（11）：941-949.

[5] Deltares. Delft3D – Flow user manual [M]. Netherlands：Delft，2014.

[6] 长江勘测规划设计研究有限责任公司. 南水北调中线一期工程总干渠淅川段初步设计报告 [R]. 武汉：长江勘测规划设计研究有限责任公司，2009.

[7] 李炜. 水力计算手册 [M]. 2 版. 北京：中国水利水电出版社，2006.

PCCP 体外预应力加固管道抗震性能分析

熊　燕[1]　赵丽君[2]　王海波[2]

(1. 中国南水北调集团中线有限公司，北京　100038；

2. 中国水利水电科学研究院，北京　100038)

摘　要： 预应力钢筒混凝土管（PCCP）是我国南水北调等重大水利工程中广泛采用的管型，腐蚀、氢脆等因素会造成预应力钢丝断丝等问题，对管体力学性能与抗震性能造成不利影响。本文依托实际工程项目，借助有限元软件，针对 PCCP 断丝管段体外预应力钢绞线加固措施进行仿真分析，对比断丝管加固前、后在地震荷载作用下的响应。分析结果表明，PCCP 管完全断丝条件下，无法承受地震荷载作用。采用体外预应力钢绞线加固后，施加地震荷载前后，管体均处于受压状态，管道能够承受工作水压力，加固效果良好。

关键词： 南水北调中线；PCCP；体外预应力钢绞线；地震荷载

作为国家重大输水工程，南水北调中线为沿线十几座大中城市提供生产生活和工农业用水[1]。预应力钢筒混凝土管（PCCP）是由混凝土管芯、钢筒、预应力钢丝及砂浆保护层构成的复合结构。PCCP 管具有强度高、密封性良好等优点，是我国南水北调等重大输水调水工程中广泛采用的管型[2-3]。中线工程运行期间，预应力钢筒混凝土管（PCCP）管道受外界腐蚀环境、氢脆、水压波动以及超载等多种因素影响，管体会出现砂浆保护层开裂和分层、预应力钢丝断丝、混凝土管芯的纵向裂缝及钢筒的腐蚀泄漏等问题[4-5]。地震作用下，PCCP 管线供水的连续性和可靠性受到挑战，由于 PCCP 管径大、内压高且事故发生前探察困难，预防 PCCP 管道事故对安全输水至关重要。

崔阿李[6] 等对万家寨引黄入晋工程 PCCP 管连接件的抗震性能进行分析，震后 PCCP 接头处密封性能良好，未发生渗漏。张瑞君[7]、Liang J W et al[8] 通过建立 PCCP 有限元模型，对地震作用下，不同场地类型、管道类型等因素对于动态特性的影响开展研究，分析得到影响管道性能的多个因素。赵丽君等[9] 通过原型试验，开展体外预应力钢绞线对 PCCP 断丝管加固效果的研究，研究结果表明，体外预应力钢绞线能够充分补偿断丝导致的预应力损失，是行之有效的加固措施，但并未涉及加固管的抗震性能研究。本文依托实际工程，采用有限元方法，对加固前、后 PCCP 断丝管在地震荷载作用下的受力情况进行分析、对比，开展 PCCP 断丝管的抗震性能分析。

作者简介：熊燕（1982— ），女，高级工程师，主要从事南水北调工程建设和运行管理工作。E-mail：xiongyan@nsbd.cn。

通信作者：赵丽君（1990— ），女，工程师，博士，研究方向为水工结构抗震。E-mail：zhaolj@iwhr.com。

1 人工地震波

本文的 PCCP 管段工程场地设计地震动参数依据中国地震局分析预报中心 2004 年 4 月编制的 1：100 万《南水北调中线工程（北京）地震加速度区划图》（50 年超越概率 10％）[10] 确定，地震动峰值加速度 PGA 为 0.15g。依据原设计规范的设计加速度反应谱，分别生成了三组三方向（X 向——轴向；Y 向——径向；Z 向——竖向）人工地震波，地震波采样间隔取 0.01s，持时 30s，其峰值加速度为单位值，加速度时程及积分得到的位移时程见图 1～图 2。竖向加速度峰值依照规范采用水平设计代表值的 2/3。

PCCP 管段的地震响应按照现行设计标准规定的反应位移法计算（GB 51247—2018）。地基场地假定为水平成层地基，其地震响应位移沿高程分布通过一维地基动力响应分析得到，采用较为常用的专用软件 SHAKE 完成。在 SHAKE 程序计算结果中可同时获得非岩基类地层的等价非线性收敛剪切模量值，收敛剪切模量值将在地下结构反应位移法计算中使用。

地震作用采用有限元响应位移法计算，即在有限元分析模型平行管轴线两侧面施加水平地震位移，该位移是针对无开挖原场地水平成层地基采用 SHAKE 一维波动分析程序计算得到。另外，在有限元分析模型各水平层施加竖向加速度，该加速度同样采用 SHAKE 一维波动分析程序计算得到。

2 有限元分析

2.1 计算模型

PCCP 管段内径为 4000mm，管长 5m，管道壁厚 350mm。预应力钢丝直径为 7mm，双层缠丝，钢丝螺距为 19.48mm。管段主要几何参数、材料参数见表 1。该 PCCP 管段正常工作条件下内水压为 0.6MPa。模型中土体整体尺寸为 34.5m×48m×5m，宽高比 0.72，管顶覆土为 5m。模型土体分为原地基土与回填土，弹模分别为 1000MPa、50MPa，泊松比 0.3。PCCP 管道断丝率取 100％，加固前后分别对管体施加地震荷载，对比分析管道的应力状态。

表 1 PCCP 管段主要参数

PCCP 管段	主要参数	PCCP 管段	主要参数
管长/m	5	钢筒厚度/mm	2
管道内径/mm	4000	缠丝层数	2
管芯壁厚/mm	350	预应力钢丝直径/mm	7
钢筒外径/mm	4183	钢丝螺距/mm	19.48
管芯混凝土标号	C60	缠丝材料密度/(kg/m³)	7850

管段整体有限元模型见图 3。混凝土与砂浆分别建模，砂浆内表面与混凝土外表面不存在相对滑移。钢筒与混凝土之间、预应力钢丝与砂浆之间均采用嵌入方式（embedded region），忽略层间滑移和分离，钢筒的存在将管芯混凝土分为钢筒内侧管芯混凝土和钢筒外侧管芯混凝土两部分；假设钢丝与砂浆具有良好的黏结作用，两者之间的滑移和脱黏不予考虑。

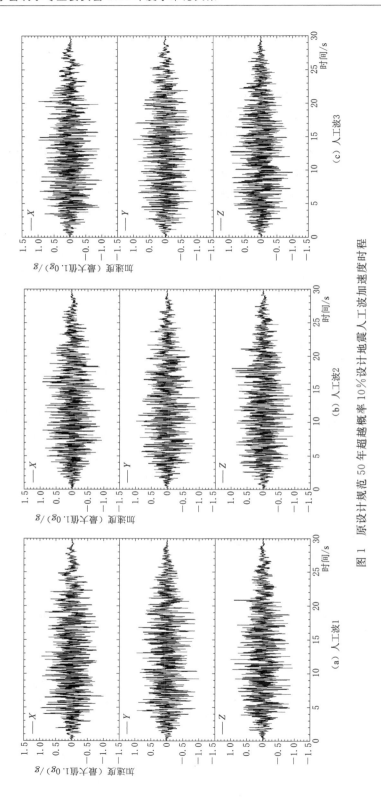

图 1　原设计规范 50 年超越概率 10%设计地震人工波加速度时程

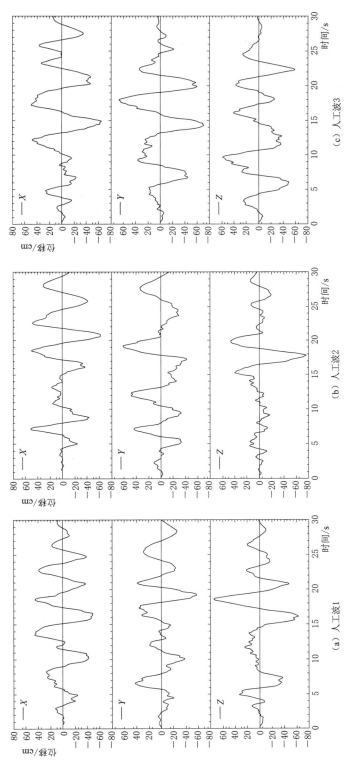

图 2　原设计规范 50 年超越概率 10% 设计地震人工波位移时程

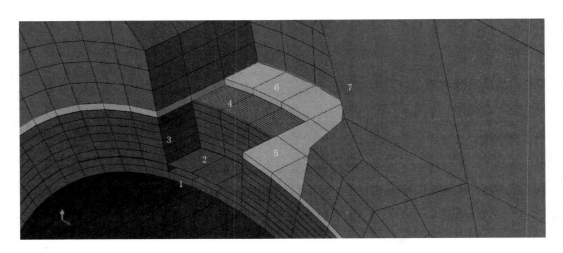

图 3　管道整体有限元模型

1—内侧管芯混凝土；2—钢筒；3—外侧管芯混凝土；4—预应力钢丝；

5—保护层砂浆；6—钢绞线；7—管周土体

加载分为加固前后两种工况，见表 2。

（1）加固前，100% 断丝管的抗震分析。①对预应力钢丝施加预应力；②对模型整体施加重力；③管内壁施加内水压力 0.6MPa；④按照断丝率 100% 进行均匀断丝；⑤施加水平向地震响应位移和竖直向地震响应加速度。

（2）加固后，外加固管的抗震分析。步骤①～④与（1）相同，⑤将管内水压力降为 0MPa；⑥布设预应力钢绞线，以模拟断丝管的外加固处理方式；⑦钢绞线施加预应力；⑧管内壁施加内水压力 0.6MPa；⑨施加水平向地震响应位移和竖直向地震响应加速度。

表 2　　　　　　　　　　　　　管道荷载施加步骤

分析步骤	管道状态	
	加固前：断丝管	加固后：外加固管
①	钢丝预应力	
②	回填土体重力	
③	0.6MPa 内水压	
④	断丝 100%	
⑤	地震荷载	内水压卸载至 0MPa
⑥		布设钢绞线
⑦		钢绞线预应力
⑧		0.6MPa 内水压
⑨		地震荷载

2.2　结果分析

静载作用下，PCCP 断丝管（断丝率达到 100%）无加固，管芯混凝土损伤值达到 0.2287（图 4），管内侧腰部附近还有约 0.58MPa 的压应力，而管芯钢筒完全处于受拉状态（图 5）。伴随管芯混凝土顶底部受拉开裂，管顶下沉变形。

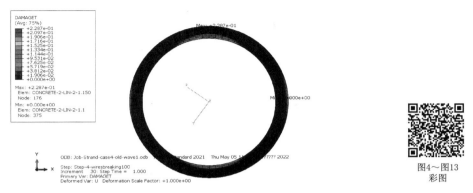

图4～图13
彩图

图 4　PCCP 管正常通水、断丝后，管芯混凝土损伤分布（步骤④）

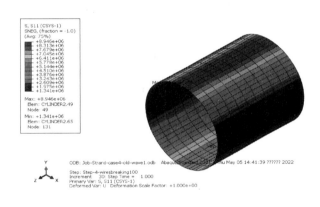

（a）径向

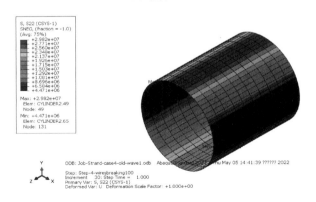

（b）环向

图 5　PCCP 管正常通水、断丝后，钢筒应力分布（步骤④）

施加地震荷载（原设计反应谱人工波 1）后，管体损伤因子由施加地震荷载前的 0.2287 增加至 0.4410（图 6）。钢筒顶部和腰部环向拉应力分别从 29.82MPa 变化至

37.74MPa（图 7），4.471MPa 变化为 2.335MPa。而对于原设计反应谱人工波 2 和 3 而言，施加地震荷载后，管体损伤达到 0.9 以上，裂缝贯穿，均位于管顶位置。钢筒应力 258.6MPa 也均接近屈服强度 227.5MPa，存在爆管风险（图 8）。总体上，施加地震荷载对于未加固的断丝管的影响非常显著。

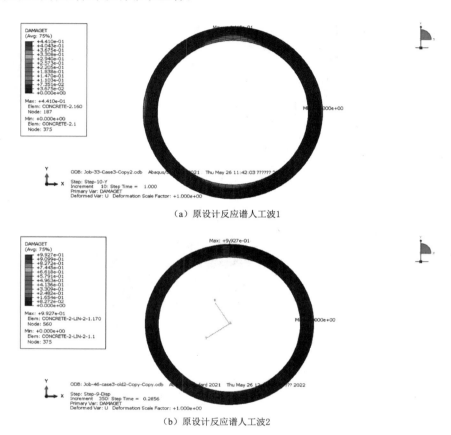

（a）原设计反应谱人工波1

（b）原设计反应谱人工波2

图 6 施加地震荷载后，PCCP 断丝管，混凝土管芯损伤分布图

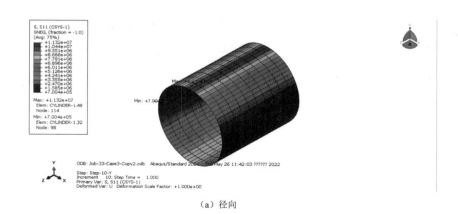

（a）径向

图 7（一） 施加地震荷载后，PCCP 断丝管，钢筒应力分布图

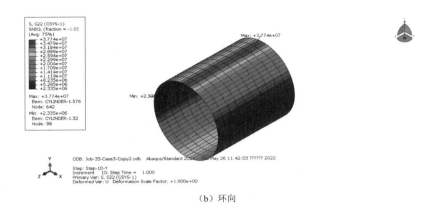

（b）环向

图 7（二） 施加地震荷载后，PCCP 断丝管，钢筒应力分布图

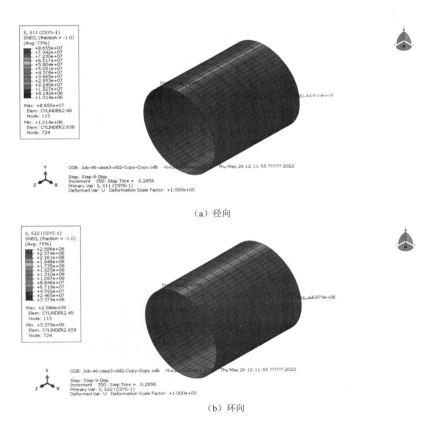

（a）径向

（b）环向

图 8 施加地震荷载（原设计反应谱人工波 2）后，PCCP 断丝管，钢筒应力分布图

对于断丝加固管模型，断丝后内水放空检修状态内水压力降至零（加固后步骤⑤），布设钢绞线，并施加预应力，此时 PCCP 管芯混凝土再度进入环向全受压状态。钢绞线预

应力施加完成后，管内水压力恢复至工作压力 0.6MPa（加固后步骤⑧），PCCP 管芯混凝土环向仍维持全受压状态，最大环向压应力在内侧腰部为 13.28MPa，最小在外侧腰部 6.80MPa（图 9），混凝土损伤 0.2287（图 10）。钢筒腰部最大环向压应力降至 69.58MPa（图 11）。

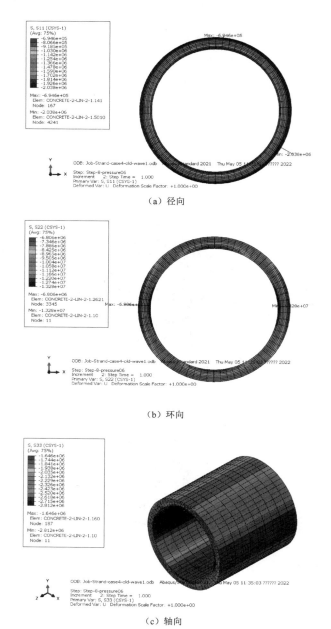

（a）径向

（b）环向

（c）轴向

图 9　断丝、外加固后通水 PCCP 混凝土应力分布（步骤⑧）

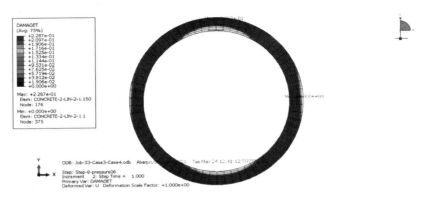

图 10　断丝、外加固后通水 PCCP 混凝土损伤分布（步骤⑧）

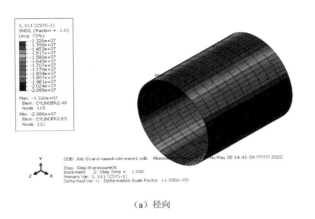

（a）径向

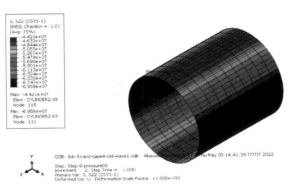

（b）环向

图 11　断丝、外加固后通水 PCCP 钢筒应力分布（步骤⑧）

　　对断丝加固管施加地震荷载后，管芯混凝土内外侧腰部环向压应力分别由 13.28MPa、6.806MPa 变化为 13.75MPa、6.671MPa（原设计反应谱人工波 1，图 12），外侧腰部环向压应力减小，管芯混凝土损伤值并未增大（图 13），预应力钢绞线加固效果明显。三组地震波响应差异很小（表 3）。

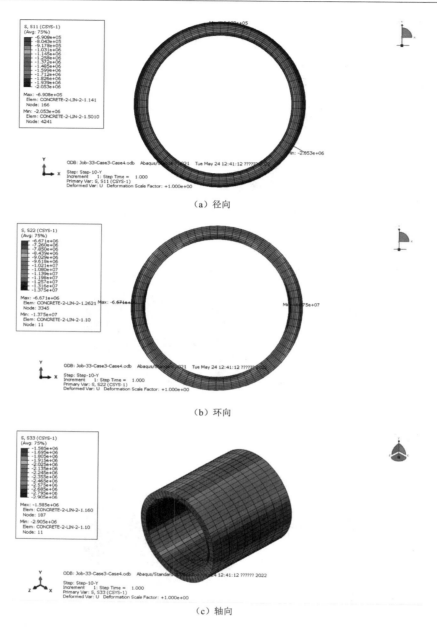

（a）径向

（b）环向

（c）轴向

图 12　断丝、外加固后通水，地震荷载（原设计反应谱人工波 1）作用下，
PCCP 管芯混凝土应力分布（步骤⑨）

表 3	不同分析步骤下管道关键点状态		单位：MPa
分析步骤	管 道 状 态		
	加固前：断丝管	加固后：外加固管	
①	内侧压 8.12、外侧压 7.08		
②	内侧顶压 5.69、内侧腰压 11.72		

分析步骤	管 道 状 态	
	加固前：断丝管	加固后：外加固管
③	内侧顶压 2.82、内侧腰压 8.65	
④	内侧底拉 4.15、内侧腰压 0.58	
⑤		内侧腰压 3.67、外侧腰拉 1.43
⑥		
⑦		内侧腰压 16.31、外侧腰压 9.20
⑧		内侧腰压 13.28、外侧腰压 6.80
⑨	内侧底拉：4.152[*1]、4.167[*2]、4.187[*3] 内侧腰压：1.222[*1]、0.984[*2]、0.953[*3] 混凝土损伤：0.441[*1]、0.993[*2]、0.997[*3]	外侧腰压：6.67[*1]、6.66[*2]、6.67[*3] 内侧腰压：13.8[*1]、13.8[*2]、13.8[*3] 混凝土损伤：0.229[*1]、0.229[*2]、0.229[*3]

注　*1、*2、*3 分别表示输入人工波 1、人工波 2 和人工波 3。

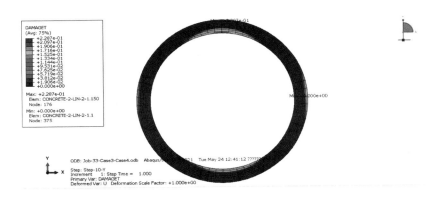

图 13　断丝、外加固后通水，地震荷载作用下，PCCP 混凝土损伤分布（步骤⑨）

3　结论与展望

施加预应力钢绞线加固后，管体混凝土由受拉转为受压。地震荷载作用下，断丝加固管的管芯混凝土仍处于受压状态，表明加固后的 PCCP 断丝管在地震荷载作用下仍可满足正常使用要求，体外预应力加固措施是有效可行的。

本文为分析已有开裂损伤的外加固 PCCP 管的地震响应，在内水压不变条件下，基于静态输水工作条件下未出现爆管的实际状态，采用高于规范设计值的管芯混凝土抗拉强度值，作为评价外加固 PCCP 管抗震安全分析的静力前提条件。管芯混凝土及其他材料的真实强度需要通过后续材料试验才能判定，需要更多的试验和实际工程数据支撑。

参考文献

［1］　赵永平. 南水北调中线累计输水 200 亿立方米［N］. 人民日报，2019-02-16（2）.

［2］　张志红，吕兵，李记兴，等. 预应力钢筒混凝土管（PCCP）体外预应力加固方法研究［J］. 安徽

建筑，2022，29（6）：42 - 44.

［3］ 张树凯. 预应力钢筒混凝土管（PCCP）发展回顾与前景展望：PCCP 已成为我国 21 世纪铺设高工压、大口径输水管道的首选管材［J］. 辽宁建材，2009（6）：14 - 17.

［4］ 窦铁生，燕家琪. 预应力钢筒混凝土管（PCCP）的破坏模式及原因分析［J］. 混凝土与水泥制品，2014（1）：29 - 33.

［5］ 张海鹏，赵丽君，窦铁生，等. 预应力钢筒混凝土管（PCCP）几种常用加固方法的对比研究［J］. 混凝土与水泥制品，2019，273（1）：43 - 46.

［6］ 崔阿李. 万家寨引黄入晋工程 PCCP 管抗震性能分析［J］. 人民黄河，2009，31（8）：78 - 81.

［7］ 张瑞君. 考虑空间与时间效应 PCCP 地震效应分析［D］. 郑州：华北水利水电大学，2016.

［8］ Liang J W，He Y A. Dynamic stability of buried pipelines［C］//Asian Pacific Conference On Computational Mechanics，Hong Kong，1991，9：11 - 13.

［9］ 赵丽君，窦铁生，程冰清，等. 预应力钢筒混凝土管体外预应力加固试验研究［J］. 水利学报，2019，50（7）：844 - 853.

［10］ 中国地震局分析预报中心. 南水北调中线工程沿线设计地震动参数区划报告［R］. 北京：中国地震局分析预报中心，2004.

基于 OpenFOAM 的不同扩散角对输水隧洞
过渡段水力特性的影响

熊　燕[1]　刘　强[2,3]　冯志勇[2,3]　吴永妍[2]　张智敏[2,3]

(1. 中国南水北调集团中线有限公司，北京　100038；
2. 长江勘测规划设计研究有限责任公司，武汉　430010；
3. 水利部水网工程与调度重点实验室，武汉　430010)

摘　要： 为研究不同扩散角对输水隧洞过渡段内的水力特性，通过 OpenFOAM 开源软件对过渡段内的水流流态进行数值模拟，从湍动能、横向速度梯度以及壁面切应力等方面进行分析。研究表明：随着扩散角的增大，过渡段壁面处的横向速度梯度开始由壁面向中心转移，紊动范围和强度进一步扩大，其结果导致湍动能峰值和分布范围的增加；同时对于过渡段沿程壁面切应力，其最大值均出现在过渡段的进口壁面处，随着水流进入过渡段，切应力值开始逐渐减小，当扩散角超过 12° 时，切应力值减小至 0 并反向增大，切应力方向由逆流线方向急速向顺流线方向转变，水流流态较紊乱，扩散角在不超过 12° 情况下可以获得较优的水力特性。

关键词： 输水隧洞；扩散角；回流区；水力特性；数值模拟

1　前言

跨流域调水工程是实现水资源优化配置、支撑社会经济高质量发展的重大基础设施，是提高水资源时空分布与经济社会发展布局、国土空间布局匹配性的重要手段。而长距离输水隧洞作为常见的调水建筑物，其洞内的水气两相流研究一直是工程的难点，由于输水隧洞距离长、工程沿线地质以及地形条件的不同，造成隧洞沿线衬砌厚度不同，断面形式变化多样，其结果导致隧洞被不同的水力断面分割，水力衔接情况极为复杂。当扩散角增大时，其衔接段内会出现较大的回流区，导致能量损失的增加[1]，对隧洞的过流能力会产生不同程度的影响。因此，研究输水隧洞不同工况下过渡段的水力特性，具有重要工程意义。

目前国内外对长距离输水隧洞的数值模拟主要集中在单一形式断面上，且对于输水隧洞过渡段缓流的流动特性和水头损失的研究很少。王晓玲等[2]、盛代林等[3] 利用 $k-\varepsilon$ 紊流模型结合 VOF 方法模拟了无压引水隧洞水气两相流的流动特性，并分析沿程水深、气

作者简介：熊燕 (1982—　)，女，高级工程师，主要从事南水北调工程建设和运行管理工作。E-mail：xiongyan@nsbd.ch。

通信作者：刘强 (1995—　)，男，工程师，研究方向为水力学及河流动力学。E-mail：462645603@qq.com。

压以及流速等水力参数，为工程比选方案提供依据。而在研究明渠过渡段水力特性方面，李蕾[4] 通过 MIKE 软件对天然河道渐扩段的水面线和流场进行研究，探究不同流量下渐扩段局部水头损失规律；吴永妍等[5] 通过实验对梯形明渠到无压隧洞的收缩段水力特性进行模拟，得出最大流速的位置随二次流作用的增强而降低；高学平等[6] 对不同坡角下的抽水蓄能电站侧式进/出水口段进行数值研究，得出当隧洞坡角等于扩散段垂向扩散角时，其内部水流流态较好，回流区面积最小；Thapa[7] 通过实验和数值模拟在矩形向梯形明渠过渡段间增设不同数量的导流板来改善过渡段内水流流态。在其他工程领域扩散段内的流体特性同样也是研究的重点，Zhixiong Li et al[8] 运用 $k-\varepsilon$ 湍流模型对不同扩散角下的正方形三维扩压器进行数值模拟，得出当扩散角为 5°时扩压器出口气体速度可以降低至进口速度的 0.45 倍；Sparrow et al[9] 采用 $k-\omega$ SST 湍流模型对在不同雷诺数下的不同扩散角的扩散管进行数值模拟分析，得出扩散角与管中分离区之间的关系。长距离输水隧洞作为调水工程中最常见的水工建筑物之一，其洞内水力特性一直是研究的重点，随着 TBM 隧道掘进机的广泛应用，隧洞洞型大多为平底圆形，但因沿程围岩类别不同，洞内衬砌厚度也不尽相同，不可避免地产生过渡段。本文基于 OpenFOAM 开源软件采用 $k-\omega$ SST（shear stress transport）紊流模型求解过渡段流体的水力要素，并结合 VOF 方法捕捉过渡段的自由水面。研究 TBM 过渡段在不同扩散角下的水力特征，为输水隧洞过渡段的优化设计提供工程建议。

2 数学模型的建立及求解

2.1 水气两相流模型

利用 OpenFOAM 开源软件求解三维 Navier–Stokes 方程，采用 VOF 方法捕捉自由水面，得到 TBM 隧洞内的三维流场，三维 Navier–Stokes 方程公式如下：

$$\nabla \vec{U} = 0 \tag{1}$$

$$\frac{\partial \vec{U}}{\partial t} + (\vec{U} \cdot \nabla)\vec{U} = \vec{F} - \frac{1}{\rho_a}\nabla p + (\nu_a + \nu_t)\nabla^2 \vec{U} \tag{2}$$

式中：∇ 为哈密顿算子，$\nabla = \frac{\partial}{\partial x}\vec{i} + \frac{\partial}{\partial y}\vec{j} + \frac{\partial}{\partial z}\vec{k}$；$\vec{U} = (U_1, U_2, U_3)$，为流体的速度场；$\vec{F}$ 为作用在单位体积流体上的质量力；ρ_a 为流体的密度；p 为流体的压强场；ν_a 为流体的运动黏性系数；ν_t 为紊动黏性系数。

利用 VOF 方法进行自由界面捕捉，其中 α 表示控制体中水流所占的体积分数（当 $\alpha = 1$ 时，该控制单元为水体；当 $\alpha = 0$ 时，该控制单元为气体；自由水面定义在 $\alpha = 0.5$ 的位置）。则各控制单元的密度和黏性计算公式为

$$\rho_a = \rho_水 \alpha + \rho_汽(1-\alpha) \tag{3}$$

$$v_a = v_水 \alpha + v_汽(1-\alpha) \tag{4}$$

体积分数 α 的输运方程为

$$\frac{\partial \alpha}{\partial t} + \vec{U} \, \nabla \alpha = 0 \tag{5}$$

2.2 紊流模型

本文采用 $k-\omega$ SST 紊流模型求解流体的紊动特征,该紊流模型结合了 $k-\varepsilon$ 模型与 $k-\omega$ 两种模型的优势,在远离壁面处采用标准 $k-\varepsilon$ 模型模拟充分发展的湍流流动,而在近壁面处应用 $k-\omega$ 模型描述不同压力梯度下的边界层问题。

3 模型验证

3.1 模型建立与网格划分

本文采用 Adel[10] 明渠渐变段作为标准算例进行紊流模型和边界条件的验证;Adel Asnaashari 根据 Swamee et al[11] 提出的过渡曲线进行物模实验,其过渡曲线如图 1 所示,曲线方程见式(6)。

$$\left. \begin{array}{l} b = \left[a \left(\dfrac{1-\xi}{\xi} \right)^{p} + 1 \right]^{-q} \\[2mm] \xi = \dfrac{x}{L_0} \end{array} \right\} \tag{6}$$

式中:L_0 为过渡段长度;x 为距离过渡段进口的长度;b 为过渡段的宽度。

另外,a、p 以及 q 为经验系数,其值为 2.52、1.35 以及 0.775,见式(7)。

$$b = b_0 + (b_L - b_0) \left[2.52 \left(\frac{L_0}{x} - 1 \right)^{1.35} + 1 \right]^{-0.775} \tag{7}$$

式中:b_0 为矩形截面宽度;b_L 为梯形截面宽度。

根据上述曲线进行建模和网格剖分,同时为了保证水流在过渡段进口处能够形成均匀流因此将过渡段前后断面均延伸 7m(超过 $50R$,R 为水力直径)整个计算域全长 15m。过渡段前后的均匀流段网格尺寸其横截面采用网格尺度为 3mm,轴线方向的网格尺度为 50mm。当经过断面变化时,水流各物理量沿轴线方向的梯度均增大,需要对网格进行加密,采用的加密方式是将轴向尺度由 50mm 逐渐过渡到 3mm;过渡段网格尺寸均采用为 3mm,总网格量为 297.4 万,网格划分如图 2 所示。将计算域分为隧洞进口水相、进口气相以及隧洞出口三部分组成,其中水相部分给定平均速度,气相部分给定压力边界条件,值为大气压;对于出口边界条件:因出口部分的气相和水相边界条件未知,因此出口边界条件均给定零梯度;壁面均采用无滑移条件。

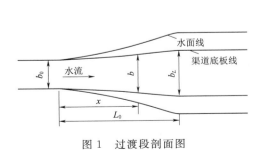

图 1　过渡段剖面图　　　　　　　图 2　过渡段网格示意图

3.2 结果对比

过渡段的进口、中间以及出口横断面处的速度场可以较好地与实验数据相吻合（图3）；另外沿程水面线和实验数据对比，最大相对误差值为 1.528%，最小相对误差值为0.0076%，基本吻合实验值（图4）；证明了 $k-\omega$ SST 紊流模型和对应的边界条件能够精确地模拟这种分离流段的水流流态和水力特性。

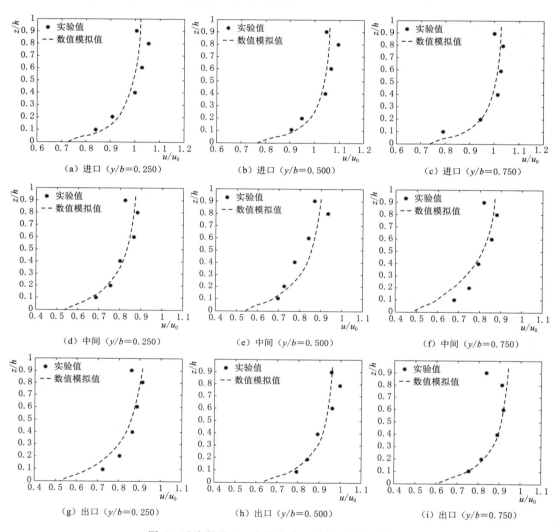

图 3 过渡段进口、中间和出口横断面速度分布图

4 不同扩散角对隧洞过渡段水力特性的影响

4.1 工程概况

某输水隧洞全长为 92.35km，设计工况流量为 $13m^3/s$，建筑物级别为 2 级，纵坡 1/5000。其中桩号为 SD3+800.000～SD5+200.000 段为 TBM 施工段中的地质复杂围岩类别和糙率变化频繁区段，存在较多的渐变段。主要包括断面形式有Ⅱ类、Ⅲa 类、Ⅲb 类、Ⅳ

类以及Ⅴ类，其中衬砌段为Ⅲb～Ⅴ类，锚喷段为Ⅱ～Ⅲa类。Ⅱ类围岩直径为 6.0m，Ⅲb、Ⅳ以及Ⅴ类围岩直径均为 4.4m。TBM 隧洞过渡段示意图如图 5 所示，算例设置见表 1。

图 5 中过渡前 TBM 断面直径为 D_1，过渡后 TBM 断面半径为 D_2，扩散角为 θ，过渡段长度为 L_x，详细参数设置见表 1，坡度均为 1/5000。

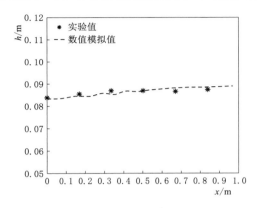

图 4　过渡段计算和实验水面线对照图

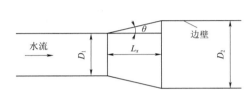

图 5　隧洞过渡段剖面图

表 1　TBM 隧洞过渡段几何参数

过渡前后断面直径	流量/(m³/s)	扩散角度	过渡长度/m	粗糙度/mm
$D_1=4.4\text{m}$ $D_2=6.0\text{m}$	13	10°	4.537	1.00
	13	12°	3.763	1.00
	13	20°	2.198	1.00
	13	30°	1.385	1.00

4.2　网格无关性验证

本文将扩散角为 12°的 TBM 过渡段作为研究对象，分别对过渡段的网格尺寸以 9cm、7cm、6cm、5cm 进行加密，所得到的网格总量分别为：66.6 万个、143.6 万个、198.7 万个以及 234.7 万个。为了验证网格尺寸对计算结果的无关性，根据恒定流能量方程计算不同网格尺寸下的过渡段局部水头损失，其中沿程水头损失运用达西-魏斯巴赫公式计算见式（8）和式（9）。

$$z_1+\frac{p_1}{\gamma}+\frac{u_1^2}{2g}=z_2+\frac{p_2}{\gamma}+\frac{u_2^2}{2g}+h_\text{f}+h_\text{j} \qquad (8)$$

$$h_\text{f}=\lambda\,\frac{l}{4R}\frac{v^2}{2g} \qquad (9)$$

式中：z_1，z_2 分别为过渡段上下游的水面高程；$\dfrac{p_1}{\gamma}$，$\dfrac{p_2}{\gamma}$ 分别为上下游的压强水头；u_1 和 u_2 分别为上下游断面的平均流速；h_f 为沿程水头损失；h_j 为局部水头损失；λ 为沿程损失系数；R 为水力半径；l 为总长度。

不同网格尺寸下数值模拟得到的局部水头损失结果见表 2 和图 6。

表 2 网格无关性验证结果

网格尺寸/m	流量/(m³/s)	扩散角度/(°)	网格总量/个	局部水头损失/mm
0.09	13	12	666057	0.246
0.07	13	12	1436148	0.408
0.06	13	12	1987000	0.513
0.05	13	12	2347000	0.542

从表 2 和图 6 可以看出：当网格加密到 $0.06m \times 0.06m$ 和 $0.05m \times 0.05m$ 时，水头损失值趋向稳定，表明网格无关性良好，为了节省计算时间，本文算例网格尺寸均取 0.06m。

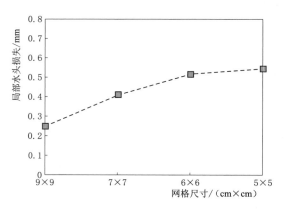

图 6 不同网格尺寸下的局部水头损失

4.3 水动力分析

4.3.1 湍动能

通过分析过渡段湍动能大小和分布特征，探究不同扩散角对隧洞内流场能量交换和紊动特征的影响，本文取平均水深（$h = 1.5m$）处的横剖面作为分析对象，湍动能计算见式（10）。

$$k = (\overline{u'^2} + \overline{v'^2} + \overline{w'^2}) \tag{10}$$

式中：$\overline{u'^2}$、$\overline{v'^2}$ 以及 $\overline{w'^2}$ 分别为轴向、横向和垂向雷诺应力。

图 8 为不同扩散角下的湍动能分布图，随着扩散角的增加，湍动能峰值也随之增加，沿着流向和横向方向高能区的分布范围也越来越大，且呈现出沿流线方向对称的双峰分布。其主要原因是扩散角的增大导致过渡段壁面处的速度梯度 du/dy 也随之增大，并由扩散段边壁处向中间转移（图 7）；结果会进一步加大边壁处的流体紊动特性，增强了壁面处能量的交换和传递能力[12] 从而导致高湍动能区的峰值和范围的增大（图 8）。当扩散角为 30° 时，边壁处最大湍动能值为 0.0288J/kg，平均湍动能值 0.0056J/kg；当扩散角减小至 10° 时，最大湍动能值下降至 0.0102J/kg，平均湍动能下降至 0.0033J/kg。

4.3.2 壁面切应力

图 9 表示不同扩散角下平均水深处沿程壁面切应力的变化，图中纵坐标表示的是剪力系数，将壁面切应力值除以进口流体动能，具体见式（11）。

$$\tau^* = \frac{\tau}{\frac{1}{2}\rho u_0^2} \tag{11}$$

图 9 中剪力系数在扩散段前均为负数（规定切应力正方向为流线方向），由于流体与边界并未发生分离，因此壁面切应力方向一直是逆流线方向，且其最大值均在过渡段进口处（$x/L = 0.33$ 处）。当扩散角在 12° 以内时，壁面切应力值随着扩散角的增大开始减小，

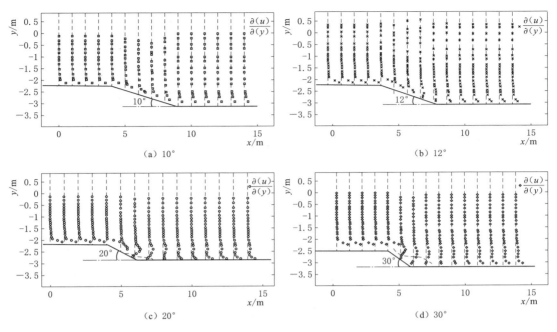

图 7　不同扩散角下过渡段速度梯度分布图（虚线部分为 $u=0$ m/s）

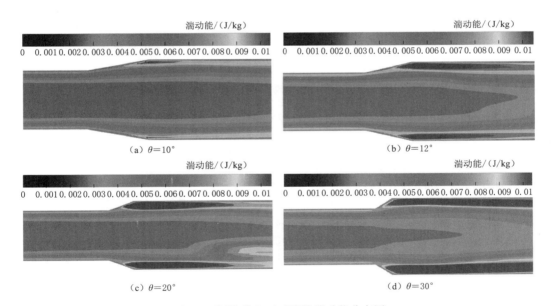

图 8　不同扩散角下过渡段湍动能分布图

但方向一直是逆流线方向；而当扩散角超过 12°时，壁面切应力值逐渐减小至 0，然后反向逐渐增加，其方向开始由逆流线方向转变为顺流线方向。这是因为扩散角的增大，流体与边界发生分离，产生回流，因此造成壁面切应力方向的改变。且随着角度增大，扩散段进口处的壁面切应力值和沿流线方向的变化梯度也随之增加，当 $\theta=30°$切应力最大值可达到 2.946 N/m^2。

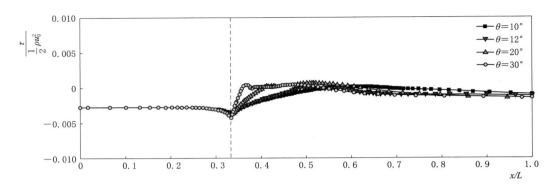

图 9　不同扩散角下壁面切应力沿程分布图（虚线位置 $x/L=0.33$，为过渡段进口处）

5　结论

本文以新疆某输水隧洞作为工程背景，通过数值模拟，分析了不同扩散角下过渡段内水力特性的变化规律，得出如下结论：

（1）当扩散角在 $10°\sim12°$ 之间时，TBM 隧洞过渡段内的水流流态稳定，无回流区现象产生，随着扩散角增大，扩散段边壁处的湍动能峰值和范围也逐渐增大，扩散角为 $30°$ 下的湍动能峰值是扩散角为 $10°$ 下的 2.8 倍左右，平均湍动能是 $10°$ 下的 1.7 倍，总体呈现沿流线方向对称的双峰分布；

（2）壁面切应力的最大值均出现在过渡段进口处，然后沿程开始逐渐减小，$12°$ 扩散角为临界角度，在 $12°$ 以内壁面切应力一直保持逆流线方向；而当扩散角大于 $12°$ 时，因回流区的产生造成壁面切应力的方向由逆流线方向急速向顺流线方向转变。

参考文献

［1］　刘亚坤. 水力学［M］. 北京：中国水利水电出版社，2008.

［2］　王晓玲，段琦琦，佟大威，等. 长距离无压引水隧洞水气两相流数值模拟［J］. 水利学报，2009，40（5）：596-62.

［3］　盛代林，孙月峰，安娟，等. 复杂无压隧洞输水过程三维数值模拟与方案优选［J］. 天津大学学报，2009，42（12）：1048-1054.

［4］　李蕾. 不同流量下渐扩段局部水头损失数值模拟［J］. 长江科学院院报，2018，35（4）：84-87.

［5］　吴永妍，陈永灿，刘昭伟. 明渠收缩过渡段流速分布及紊动特性试验［J］. 水科学进展，2017，28（3）：346-355.

［6］　高学平，毛长贵，孙博闻，等. 输水隧洞坡角对侧式进/出水口水力特性影响研究［J］. 南水北调与水利科技，2019，17（2）：189-195.

［7］　Thapa D R. Characteristics of flow past warped and wedge transitions［D］. Montreal：Concordia University，2017.

［8］　Li Z X，Moradi I，Nguyen Q，et al. Three-dimensional simulation of wind tunnel diffuser to study the effects of different divergence angles on speed uniform distribution，pressure in outlet，and eddy flows formation in the corners［J］. Physics of fluids，2020，32（5）：052006.

［9］　Sparrow E M，Abraham J P，Minkowycz W J. Flow separation in a diverging conical duct：Effect of Reynolds number and divergence angle [J]. International journal of heat and mass transfer, 2009, 52 (13 - 14): 3079 - 3083.

[10] Asnaashari A, Dehghani A A, Akhtari A A, et al. Experimental and numerical investigation of the flow hydraulic in gradual transition open channels [J]. Water resources, 2018, 45 (4).

[11] Swamee P K, Basak B C. Design of trapezoidal expansive transitions [J]. Journal of irrigation and drainage engineering, 1992, 118 (1): 61 - 73.

[12] Talstra H. Large - scale turbulence structures in shallow separating flows [J]. Cioil engineering & geosciences, 2011.

浅谈关于南水北调工程经济财务管理的做法和思考

聂　思[1]　李　赞[2]　谷洪磊[2]

（1. 水利部节约用水促进中心，北京　100038；

2. 水利部南水北调规划设计管理局，北京　100038）

摘　要： 在中国社会经济不断发展壮大过程中，水利工程的财政投资力度越来越大，尤其大型水利工程涉及范围广，参与主体机构多，从项目预算、实施到验收、竣工决算等阶段时间周期较长。本文以南水北调工程为例，通过总结分析工程开工以来经济财务管理中经验做法，提出如何管理好如此巨大的工程资金，促进资金使用规范、顺利完成竣工决算，更好地履行职能和防控风险的相关建议，为南水北调工程经济财务管理提供参考。

关键词： 南水北调工程；资金；经济财务

1　加强南水北调工程经济财务管理的意义

水利工程是关系人民生产生活的重要支撑和保障，水利工程项目建设整体较为系统复杂，建设前期需要做好相应规划、勘测、设计与招投标工作，中期需要进行施工建设、监理等工作落实，后期则需要做好竣工验收[1]。随着水利基本建设投入资金不断增加，如何保障工程建设资金运行安全有效，又保障资金供应科学合理，是落实工程经济财务管理工作的首要任务。南水北调主体工程总投资 3000 多亿元，参建单位 1000 多家，工期历经十几年，与其他工程相比，具有工程建设战线长、工程投资规模大、工程建设管理主体多、工程建设周期长等显著特点。这些特点直接影响工程经济财务管理，对国有资产未来保值增值有重要影响。针对这种情况，国务院原南水北调办印发了《关于贯彻执行中央预算内基建投资项目前期工作经费管理暂行办法的通知》（国调办经财〔2006〕141 号）《关于进一步规范南水北调工程建设资金管理有关事项的通知》（国调办经财〔2010〕180 号）等一系列经济财务管理制度，对工程建设资金供应管理、工程价款结算和竣工财务决算等情况进行了明确规定。但是，由于南水北调工程资金运行复杂、工程周期长、牵涉范围广等特殊性，一些工程历史遗留问题尚未完全解决。为做到各项经济活动合法合规，尽早排除资金安全隐患、实现有效的资金内部监督与控制，保障南水北调工程完成验收和安全运行，针对薄弱环节和风险隐患，及时梳理总结以往工作的先进经验和做法，为后续工作提供支撑和参考尤为重要。

作者简介：聂思（1992—　），女，经济师，主要从事南水北调工程和水资源节约等水利项目经济财务管理工作。E-mail：1508444281@qq.com。

2 主要经验做法分析

2.1 财务工作规范程度逐步增强

在探索健全工程财务管理，保障南水北调工程建设健康发展的过程中，各项目法人按照《南水北调工程会计基础工作指南》基本建立了财会工作秩序，如实记载建设项目经济活动情况，确保建设过程得到全面反映。经历了从工程建设初期，参建单位财务人员不稳定、部分报销审批手续和所附原始单据不全，总账和明细账登记不清晰，未实行会计核算电算化，电算化科目设置不规范，再到财务人员基本稳定、相关报销补齐手续、更换不合格原始凭证等财务管理从无到有和逐渐规范的过程[2]。南水北调工程资金管理做到了记录清晰、数据准确。为了更好地做好南水北调工程资金管理，各项目法人不断加强财务制度建设，目前，财务制度框架体系日渐完善，资金管理水平不断提高。

2.2 经济活动控制流程逐步规范

南水北调工程建设资金运行的环节不同，管理重点不同，只有控制好资金运行的每个环节都符合制度规定，才能保证整个资金运行的合法性和资金的安全性。工程资金监管工作的主要内容为：项目建设管理单位充分发挥自身的管理能动作用，对施工单位工程建设资金的利用情况进行全面监督，保证资金的专款专用[3]。南水北调工程各资金使用单位结合实际，完善各自经济财务活动控制流程，针对薄弱环节和风险隐患，制定了涵盖资金收支业务管理、政府采购业务、资产、合同等关键环节的控制流程，使各项管理工作进一步科学化、规范化、标准化，有效防范经济财务活动风险。

（1）收支业务控制。要想强化工程项目财务内部控制的作用和意义，首先应在支付施工项目的工程进度款时，做到以合同为准，科学审核工程完工量，并在上级批准后再进行支付[4]。各项目法人依据工程建设进度及资金支付需要，分批次申请建设资金，申请理由充足、规模合理，杜绝出现无故申请的情况；严格按照基本建设财务制度等有关规定，规范工程建设资金支付的程序，如工程价款结算书先由现场建管机构审核，经项目法人或省级建管局内部相关业务部门复核会签，再报项目法人审批或省建管局负责人审批，保证工程价款支付程序合规、手续完备、数字准确、拨付及时。

（2）政府采购业务控制。根据《政府采购法》《政府采购法实施条例》等有关法律法规，严格执行招标法律法规，防止出现不规范的招标行为。如在工程招标环节的控制措施有：不相容职位相互分离，招标方式经集体研究，禁止个人单独决策或直接委托方式选择施工单位，实行授权审批制度，未经批准不得参与招标工作等。在加强招标文件审查方面，招标文件对外发售之前，组织专业人员重点对招标文件中有关工程价款的支付、履约担保等商务条款进行认真审查，减少财务风险发生，保证工程建设资金安全。

（3）资产业务控制。为规范和加强工程资产控制管理，维护资产的安全完整，合理配置和有效利用固定资产，一些单位建立资产日常管理制度和定期清查机制，对建设期间购置的自用固定资产采取记录、实物保管等定期盘点清查，同时加强对建设项目资金筹集与运用，加强固定资产处理等会计核算，完整反映建设项目成本和财产物资变动情况。

（4）合同业务控制。依据相关的法律法规，进一步研究制定完善符合工程实际的合同管理办法和重大事项决策办法等。合同按规定程序签署，明确合同条款中涉及工程价款结算支付的约定事项，明确合同价款调整原则，确定合同结算支付方式及账户管理，严格审核合同履约保函，加强类似合同和变更结算支付管理，确定完工结算合同审核重点等。

2.3 工程资金监管效果逐渐显著

定期对工程经济财务工作进行监督检查是对其经济财务活动合理性有效性进行监督检查与评估，形成书面报告并做出相应处理的过程，是工程资金安全的重要保证。通过突出项目法人在资金监管方面的主体责任地位，结合中央部门对财政资金的监管，形成了内部监管和外部监管相结合的监管模式。从 2011 年工程进入高峰期以来，国务院南水北调办着手摸索建立了具有自身特色的系统内部审计管理模式，指导和监督各项目法人和征地移民机构逐步建立完善管理制度、财务核算体系、资金监管体系，从而规范了南水北调工程建设资金各环节的管理，达到了维护资金运行秩序、消除资金安全隐患的目标[5]。

3 关于进一步加强工程经济财务管理的若干思考

3.1 进一步健全财务管理行为规范机制，提高专业人员素养

南水北调工程涉及资金使用单位众多，各资金使用单位管理水平参差不齐，实行和完善财务统一管理是适应南水北调工程建设资金管理的必然要求。一是要继续完善财务制度体系，统一经济财务管理工作，如：统一资金计划申请审批程序，统一工程价款结算金额、扣款金额、支付金额，统一管理现场管理机构日常费用支出、统一会计核算、统一各类财务报表格式等；二是加强对资金使用单位财务人员培训，进一步规范财务人员和财务行为，提高财务人员专业素养；三是对关键环节和重要风险点进一步梳理分析，完善责任清晰的各项目法人和参建单位财务关系，持续完善财务统一管理工作机制，防范财务风险，保证南水北调工程建设资金安全有效。

3.2 进一步完善工程经济活动运行机制，强化全流程控制

南水北调工程建设包括前期规划、勘测、设计、招标、施工、监理和竣工验收等环节，是一个系统性工程，资金管理贯穿于项目管理全过程。南水北调系统研究制定了一系列规章制度，但是，针对工程建设运行期发生的新情况、新问题，还需要进一步完善相关制度，保证基本建设资金实行转账管理、专款专用，不允许滞留、截留、挤占，或未按合同约定拨付合同款，少数使用现金支付和未支付给合同约定单位或账号等情况再次发生。所以为确保工程安全、资金安全、干部安全，根据南水北调工程新形势、新变化，建议从经济活动源头进一步完善工程经济财务管理业务控制流程，确保资金运行的各个环节都有据可循。

3.3 进一步建立监管长效机制，巩固资金监管成效

为建立切实可行、联动有效的资金监管长效机制，保障现行经济财务制度落实落地。一是以资金使用管理审计为主要监管手段，每年委托中介机构对项目法人和建设管理单位等资金使用情况进行审计，重点查找当年资金使用中存在的财务问题和财务管理风险；二是以专项审计为辅助，查漏补缺。根据一些单位提供的线索或其他工作要求，适时开展重点环节或重点单位专项审计，及时查找资金管理中的问题，堵塞漏洞；三是要充分利用完工决算审计把好基本建设最后一关。按照《南水北调工程完工竣工财务决算编制规定》等竣工决算文件，高标准完成南水北调工程内部资金监管，对设计单元工程招投标管理、合

同管理、财务管理等资金运行环节进行审计，促进水利工程单位和相关人员能够更好地为社会提供公共服务，切实履行其应有的职责。

4 结语

党中央、国务院高度重视南水北调工程建设资金安全问题，经济财务工作既是南水北调工程建设管理的有机组成部分，也是推进工程建设有序展开的坚实基础，还是确保资金安全、高效使用的关键环节。通过进一步梳理分析南水北调经济财务工作经验，查找不足，对未来又好又快建设南水北调工程具有重要意义。

参考文献

[1] 田乐. 水利工程建设财务管理中内部会计控制分析 [J]. 财会研究，2019（20）：97－100.
[2] 《中国南水北调工程》编纂委员会. 中国南水北调工程 [M]. 北京：中国水利水电出版社，2018.
[3] 陈章理. 南水北调中线工程建设资金安全监管实践分析 [J]. 财会学习，2020（4）：184－186.
[4] 徐祥莉. 完善水利工程管理单位财务内部控制的措施 [J]. 中小企业管理与科技，2019（10）：50－51.
[5] 陈蒙. 南水北调系统内部审计实践探索与经验借鉴 [C] //中国南水北调集团中线有限公司中国水利学会 2019 学术年会论文集第五分册. 北京：中国水利水电出版社，2019：597－603.

浅析京津冀区域水资源空间均衡与开发利用
——以京津冀地区为例

孙庆宇[1]　李永波[2]　谷洪磊[1]

(1. 水利部南水北调规划设计管理局，北京　100038；

2. 山东运行管理维护中心，潍坊　300170)

摘　要： 京津冀地区作为推动国家经济发展的重要引擎，是高水平参与国际竞争合作的战略区域。为全面落实习近平总书记"节水优先、空间均衡、系统治理、两手发力"治水思路，在弄清空间均衡概念内涵基础上，以 2017 年为现状水平年，以京津冀全域为研究范围，以水资源三级区套地市为工作单元，开展"空间均衡"现状评价，分析空间不均衡的关键因素和未来刚性合理用水保障需求，并提出建议措施。

关键词： 空间均衡；京津冀；现状评价

京津冀地区是我国政治、经济、科技、文化的核心区域，是国家研发创新、高端服务和"大国重器"的集聚区，是探索区域空间优化、科学持续、协同发展、互利共赢的示范区。京津冀地区的水资源问题自 20 世纪七八十年代以来，受气候变化和人类活动影响水资源量呈衰减趋势，而经济社会用水持续增长，水资源开发利用过度，造成河流生态用水被挤占甚至断流、地下水严重超采等问题。

1　基本情况

京津冀地区是我国政治、经济、文化与科技中心，是我国东部地区的重要增长极，是推动国家经济发展的重要引擎，是高水平参与国际竞争合作的战略区域。

京津冀地区包括北京、天津两个直辖市，河北省的 11 个地级市，总面积 21.6 万 km^2，占全国面积的 2.3%，平原区占区域总面积的 48%，山丘区占 52%。区域主要涉及海河、辽河、内陆河三大流域，区域内流域面积大于 100km^2 以上的河流约 660 条，水资源三级区套地级行政区单元共有 43 个。

2　水资源开发利用情况

2.1　水资源量

根据第三次全国水资源调查评价成果，1980—2016 年，京津冀地区水资源总量为 186.4 亿 m^3，其中地表水资源量 88.2 亿 m^3，地下水资源量 141.4 亿 m^3。与第二次全国

作者简介：孙庆宇（1987—　），男，高级工程师，副处长。E－mail：sunqingyu@mwr.gov.cn。

水资源调查评价成果（1980—2000 年）相比，地表水资源量减少了 60.5 亿 m³，减少比例 41%，水资源总量减少了 71.3 亿 m³，减少比例 28%。区域分布上，北京、天津、河北各省（直辖市）的水资源总量占比分别为 13%、7%、80%。京津冀地区水资源量统计详见表 1。

表 1 京津冀地区水资源量统计表

区域	地表水资源量			地下水资源量			水资源总量		
	本次评价/亿 m³	上次评价/亿 m³	变化率/%	本次评价/亿 m³	上次评价/亿 m³	变化率/%	本次评价/亿 m³	上次评价/亿 m³	变化率/%
北京市	10.6	17.7	−40	21.6	26	−17	23.5	37.3	−37
天津市	9.5	10.7	−11	5.8	5.7	2	13.8	15.7	−12
河北省	68.1	120.3	−43	114	122	−7	149.1	204.7	−27
京津冀地区	88.2	148.7	−41	141.4	154	−8	186.4	257.7	−28

注 变化率指本次评价成果（1980—2016 年）相比上次评价成果（1980—2000 年）变化的比例，减少为负、增加为正。

2.2 开发程度分析

京津冀地区全区现状人均用水量 222m³，为全国平均值的 51%；万元工业增加值用水量为 11m³，是全国平均值的 27%；城镇综合人均生活综合用水定额为 166L/(人·d)，为全国平均值的 74%；农村人均生活用水定额为 76L/(人·d)，为全国平均值的 85%；农田亩均灌溉用水量 204m³，为全国平均值的 56%；农田灌溉水有效利用系数为 0.676，高出全国平均水平 1/4。总体上看，京津冀地区用水效率在全国处于领先水平。

京津冀地区 2010—2018 年供用水总量平均值为 251.7 亿 m³，其中本地地表水供用水量 60.9 亿 m³，现状地表水资源开发利用率为 69%；本地地表和地下水供用水量 221.7 亿 m³，水资源总量开发利用率高达 119%，处于水资源严重超载状态，河湖生态水量被严重挤占。现状水资源开发利用程度详见表 2。

表 2 京津冀地区现状水资源开发利用程度

区域	地表水资源量/亿 m³	水资源总量/亿 m³	山丘区供水量/亿 m³	地表水供水量/亿 m³	供水总量/亿 m³	地表水开发利用率/%	总量开发利用率/%
北京市	10.6	23.5	1.4	5.8	24.7	55	105
天津市	9.5	13.8	0.3	8.9	18.4	94	133
河北省	68.1	149.1	15	46.2	178.5	68	120
京津冀地区	88.2	186.4	16.7	60.9	221.7	69	119

注 1. 供水量为 2010—2018 年系列均值，水资源量为 1980—2016 年系列均值。
2. 供水量为本地地表水和地下水供水量。

3 "空间均衡"现状评价

3.1 评价计算方法

由于不同区域的自然地理特征、主体功能定位、水工程布局状况、未来经济社会发展情景和水安全保障需求存在差异，各地的水资源空间均衡阈值也不相同。京津冀地区综合缺水率较大，经测算50％为京津冀地区综合缺水率的最大值，初步采用［0～0.4、0.4～0.7、0.7～0.9、0.9～1.0］来间接反映严重不均衡、不均衡、基本均衡、高质量均衡的状况，空间均衡度0.9以上是高质量均衡，综合缺水率与空间均衡度对应关系见表3。

表3   京津冀空间均衡度评价对应关系

指标	严重不均衡	不均衡	基本均衡	高质量均衡
空间均衡度	0～0.4	0.4～0.7	0.7～0.9	0.9～1.0
综合缺水率/%	30～50	15～30	5～15	<5

3.2 评价结果

根据空间均衡度的评价方法和计算公式，在现状年供需平衡的基础上计算京津冀地区现状年水资源空间均衡度。京津冀地区由于过度开发当地水资源导致地下水超采和河道内生态用水挤占等不合理用水 57.3 亿 m^3，综合缺水 73.4 亿 m^3，综合缺水率28％。经计算，京津冀地区整体空间均衡度为0.45，处于不均衡状态。以北京市、天津市和河北省的12个地级行政区为分析单元开展水资源空间均衡评价，结果表明，邯郸、邢台、沧州、廊坊、衡水、雄安新区6个单元处于严重不均衡，石家庄、唐山、保定、张家口4个单元处于不均衡，北京、天津、承德、秦皇岛4个单元处于基本均衡，具体见表4。

表4   京津冀地区现状空间均衡评价结果

区 域	总缺水/亿 m^3	综合缺水率/%	空间均衡度	空间均衡评价
北京市	2.1	5	0.89	基本均衡
天津市	2.7	9	0.81	基本均衡
河北省石家庄市	11.0	30	0.40	不均衡
河北省唐山市	6.2	24	0.52	不均衡
河北省秦皇岛市	2.3	13	0.74	基本均衡
河北省邯郸市	6.1	31	0.38	严重不均衡
河北省邢台市	6.6	39	0.22	严重不均衡
河北省保定市	9.0	24	0.52	不均衡
河北省张家口市	2.6	17	0.66	不均衡
河北省承德市	1.6	12	0.75	基本均衡
河北省沧州市	7.9	49	0.02	严重不均衡
河北省廊坊市	5.0	44	0.13	严重不均衡
河北省衡水市	8.9	50	0.02	严重不均衡
河北省雄安新区	1.4	49	0.02	严重不均衡
河北省	68.7	35	0.30	严重不均衡
京津冀地区	73.4	28	0.45	不均衡

4 意见及建议

一是节水优先，促进生产和生活全方位节水。加大农业节水增效，进一步推进工业节水减排和企业间的用水系统集成优化，普及推广居民家庭节水型用水器具，加快城镇污水处理与回用设施，提高再生水利用水平。

二是设定开发上限，严控水资源开发利用强度。根据流域和区域水资源条件及生态与环境保护的要求，研究制定区域内滦河、蓟运河、潮白河、北运河、永定河、大清河、滹沱河、滏阳河、漳卫河水资源开发利用的控制指标和生态环境需水控制指标，作为流域和区域水资源综合管理的控制性指标和重要依据。

三是退减不合理用水。结合《华北地区地下水超采综合治理行动方案》实施，在京津冀地区实施季节性休耕，适度减少冬小麦种植面积，发展旱作雨养农业。退减灌溉面积，在适宜地区适度开展还林还草还湖还湿，严格产业准入政策和高耗水工业用水定额标准。

四是保障生态流量。根据京津冀区域水资源条件、水资源开发利用程度、生态环境特点和水资源供需形势，重点以保护水资源可持续更新能力，保障生态水量下泄，恢复河道生态功能为主，退还挤占的河道生态用水，增加再生水用于河道内的生态水量。

五是加强水资源监管。强化水资源承载力刚性约束的作用和地位，提出完善重大调水工程前期论证程序和内容，把"空间均衡"评价作为规划前期论证的重要环节。强化对水资源开发利用的监管，建立并完善水资源承载能力监测预警机制。从完善水价机制、补偿机制、沟通协商机制等方面提出建议。

5 结语

综上所述，通过对现状年以及规划年不同情景下京津冀地区开展空间均衡评价，由供需平衡分析和评价结果可知，要实现高质量的空间均衡，必须从约束倒逼和优化提升两个方面，通过"控、节、退、保、供、管"等综合措施来实现。

参考文献

[1] 杨宏伟，胡雨新．浅析南水北调工程质量监管工作的有效性 [J]．人民长江，2015（3）：21-27．
[2] 钱萍，孙庆宇，陈烈奔．南水北调中线一期工程运行管理模式研究初探 [J]．水利发展研究，2017（5）：63-65．
[3] 王国平．南水北调运行期监管措施分析 [J]．河南水利与南水北调，2020（1）：79-81．
[4] 孙建平，刘彬．南水北调工程建设与运行管理信息化初探 [J]．南水北调与水利科技，2005（3）：19-21．
[5] 王启猛．南水北调东线一期工程运行初期水量调度监管工作初探 [J]．治淮，2016（11）：11-12．

陇中黄土区地层地球物理特征分析

何灿高　　刘庆国

（中水北方勘测设计研究有限责任公司，天津市　300222）

摘　要： 对某引水工程位于陇中黄土区的两个调蓄水库坝址区岩土体的电阻率、声波速度、声波速度衰减、地震纵波速度分别进行了测试，获取了岩土体的多项地球物理参数，对部分参数进行了统计分析，并评价了岩体质量，为黄土区水利工程勘察设计提供了基础资料。

关键词： 黄土；次生黄土；高密度电法；地震折射波法；声波法

0　引言

某引水工程规划引水线路总长 412.66km，设计最大输水流量 $50m^3/s$，规划 2030 年引水 9.6 亿 m^3。该工程主要由水源枢纽、引水线路、调蓄库三部分组成，主要建筑物包括水库大坝、隧洞群、大型跨河（沟）建筑物等，属于长距离跨流域调水工程，是国家 172 项重大水利工程建设项目之一。

引水线路自水源库取水口开始，沿途穿越多种地貌单元，部分线路途经陇中黄土区，黄土区设计有 ZJG 和 GT 两座大（2）型调蓄水库，本文以这两座调蓄水库坝址区地层为研究对象，开展地球物理探测，分析其地球物理特性。

1　地质简况

在工程勘察深度范围内，坝址区地层以第四系（$Q_4 \sim Q_2$）、新近系甘肃群（N_1G）为主，局部可见白垩系麦积山组（K_2mj）地层。

第四系地层包括黄土层及次生黄土层，黄土层由马兰黄土（Q_3^{eol}）及下伏离石黄土（Q_2）组成；次生黄土层包括低液限黏土（Q_4^{del}）、黄土状土（Q_4^{alp}）等。黄土层多为风积黄土，分布于地势相对较高处，厚度不一，多呈地势越高厚度越大的特点；次生黄土层多由黄土层经剥蚀搬运后重新沉积而成，多分布于河道及附近的地势低洼处。

新近系地层岩性以泥岩、粉砂质泥岩居多，泥质粉砂岩、砾岩、砂砾岩、砂岩揭露较少；白垩系地层岩性包括泥岩、泥质粉砂岩、砂砾岩等。

作者简介：何灿高（1988—　），男，高级工程师，主要从事水利水电工程物探工作。

刘庆国（1984—　），男，工程师，主要从事水利水电工程物探工作。

通信作者：何灿高，中水北方勘测设计研究有限公司。E-mail：523088541@qq.com。通信地址：天津市河西区洞庭路 60 号（300222）。

2 方法与技术

在坝址区分别采用高密度电法、单孔声波法、岩芯波速测试、地震折射波法对岩土体电阻率、声波波速、声波波速衰减、地震纵波波速等地球物理参数进行测试。

2.1 高密度电法

高密度电法是以地层内隐伏目标体与周边介质或不同物性层间存在的电阻率差异为前提的直流电法，采用密集的阵列式电极排列进行纵横向连续数据采集，可获得丰富的地质信息，兼有电剖面法、电测深法的属性，形成一个倒梯形的二维电性剖面。探测深度随供电极距的增大而增大，约为最大供电极距的1/6。

采用温纳装置，单一排列采用80根电极，沿测线方向滚动测量，隔离系数25，基本电极距5m，最大供电电压420V。

2.2 单孔声波法

单孔声波法通过测定孔内岩体纵波速度值，进行波速分层，并评价其完整性和强度。

采用一发双收换能器，在孔内自下而上进行观测，根据发射器到两个接收换能器的纵波初至时差及两个接收换能器的距离，获取孔壁岩体的纵波速度，为保证测试精度，测试点距一般等于接收换能器间距0.2m。

2.3 岩芯波速测试

岩芯波速测试原理与单孔声波法一致，用于测试岩芯的声波速度。

采用单发单收换能器，根据发射器到接收换能器的纵波初至时间及岩芯长度，获取岩芯的纵波速度。刚开始每隔2h测量一次波速，后续待岩芯波速趋于稳定后，可适当延长间隔时间。

2.4 地震折射波法

地震折射波法利用人工激发的地震波在岩土界面产生折射现象，对浅部具有波速差异的地层或构造进行探测，要求下伏岩层波速高于上伏岩层。

采用相遇时距曲线观测系统，道间距为5m，偏移距为5m，16道接收，锤击震源。

3 地球物理特性分析

3.1 电阻率

3.1.1 黄土层

ZJG水库左右坝肩位置黄土层较厚，沿坝轴线位置开展了高密度电法测试，测线上布置有相应钻孔，对比高密度电法测试成果与各钻孔揭露地层岩性，黄土层呈现相对高电阻率，下伏基岩呈现低电阻率。

左坝肩WZJ1测线高密度电法测试成果见图1，电阻率剖面为典型"D"型两层地电结构，电阻率特征为高－低。钻孔ZJSK1揭露地层岩性从上至下依次为，孔深0～16.6m为马兰黄土，孔深16.6～40.5m为离石黄土，孔深40.5～120m为泥岩与粉砂质泥岩互层。钻孔揭露的黄土与基岩分界线与电阻率30Ω·m的等值线基本接近。

坝轴线WZJ2测线高密度电法测试成果见图2，电阻率剖面除河床及附近两侧为单层地电结构外，其余测段均为"D"型两层地电结构。单层结构测段内除河床覆盖层为低液

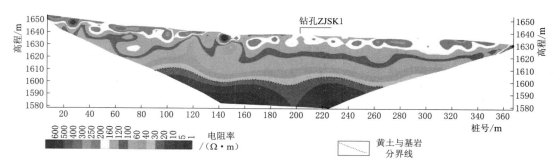

图 1　WZJ1 测线电阻率剖面图

限黏土外，河床两侧基岩基本出露。

钻孔 ZJSK3、ZJSK5、ZJSK15、ZJSK16 揭露黄土层（马兰黄土及下伏离石黄土）层厚分别为 53.5m、35.2m、44.5m、42.6m，与电阻率 30Ω·m 的等值线基本接近。

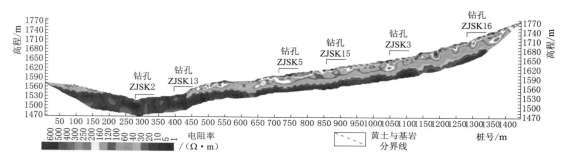

图 2　WZJ2 测线电阻率剖面图

因此，除表层局部不均质体电阻率较高外，黄土层电阻率多在 30～200Ω·m，泥岩、粉砂质泥岩电阻率为 5～30Ω·m。

3.1.2　次生黄土层

钻孔 ZJSK2 揭露的覆盖层为低液限黏土、黄土状土等次生黄土层，河床 WZJ3 测线高密度电法测试成果见图 3。电阻率剖面为单层地电结构，岩土体电阻率为 5～30Ω·m，覆盖层与下伏基岩电阻率接近，与 WZJ2 测线相交位置探测成果一致。

图 3　WZJ3 测线电阻率剖面图

因此，次生黄土电阻率为 5～30Ω·m。

3.2　声波波速

ZJG 与 GT 水库 30 个钻孔揭露的基岩岩性以粉砂质泥岩、泥岩居多，其余岩性较少，代表性不强。对粉砂质泥岩、泥岩声波波速进行统计分析并评价岩体完整性，统计结果见表 1。

表 1　　　　　　　　　　　　　　声波速度统计结果表

地层单位	地层岩性	风化程度	波速/(m/s)		完整性系数		动弹模量/GPa		数据个数	完整程度	备　　注
			范围值	平均值	范围值	平均值	范围值	平均值			
新近系	粉砂质泥岩	强风化	1510～1980	1710	0.36～0.63	0.47	2.84～6.34	4.19	245	完整性差	粉砂质泥岩密度取值 2.33g/cm³，新鲜岩块波速取值 2500m/s；泥岩密度取值 2.30g/cm³，新鲜岩块波速取值 2400m/s
		微新	1510～2700	1970	0.36～1	0.63	2.84～12.88	5.92	4932	较完整	
	泥岩	强风化	1510～1940	1730	0.4～0.65	0.52	2.80～5.15	3.89	100	完整性差	
		微新	1510～2430	1850	0.4～1	0.60	2.80～8.46	4.58	2288	较完整	

陇中黄土区新近系基岩属极软岩，岩体波速较低；泥岩、粉砂质泥岩透水率极低，强风化较浅，一般不超过 5m；强风化岩体与微新岩体统计波速差别不大。

对微新粉砂质泥岩、泥岩波速分布区间进行分类统计，结果见图 4。

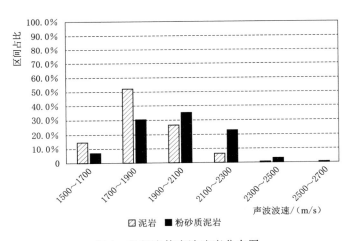

图 4　微新岩体声波速度分布图

泥岩波速主要分布在 1500～2100m/s，其中 1700～1900m/s 区间占比最大，为52.2%；1900～2100m/s 区间占比次之，为 26.6%；1500～1700m/s 区间占比 14.4%。

粉砂质泥岩波速主要分布在 1700～2300m/s，其中 1700～1900m/s、1900～2100m/s、2100～2300m/s 区间分别占比 30.7%、35.7%、22.6%，三者占比较为接近。

3.3　声波波速衰减

在钻孔岩芯的微新岩体中选取 11 块岩芯，进行波速衰减试验，典型衰减曲线见图 5。

7 号岩芯初始声波速度 1580m/s，最初 7h 岩芯声波速度增长至 1660m/s，上升5.06%，上升速率为 11.43（m/s）/h；随后在 7～34h 基本稳定；在 34～51h 岩芯声波速度降低，最小达到 1470m/s，下降 11.98%，下降速率为 7.41（m/s）/h；在 51～72h 岩

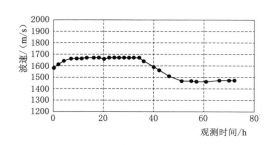

图 5 7 号岩芯声波速度-观测时间关系曲线

芯声波速度趋于重新稳定，平均声波速度 1470m/s。相对于初始声波速度，最终稳定时下降约 6.96％。

岩芯波速变化可分为四个阶段，依次为抬升期、稳定期、衰减期、最终稳定期。钻孔取芯过程中注水钻进，岩芯取出后多为湿润状态，含水量较高，随着观测时间推移，岩芯逐渐风干失水，因此在最初观测的数小时内，岩芯波速会呈现一定程度的抬升，此阶段为抬升期；待岩芯内水分风干后，岩芯波速呈现一定的稳定时段，此阶段为稳定期；待稳定期过后，岩芯开始逐渐崩解，波速逐渐降低，此阶段为衰减期；直至达到最终稳定状态。

对 11 块岩芯波速衰减规律进行统计分析，统计结果见表 2。岩芯从孔内取出后，随着应力释放，岩芯波速普遍低于孔内岩体波速，上升期经历时长为 7~13h，波速上升幅度为 2.3％~7.0％；稳定期时长为 8~27h；衰减期时长为 6~24h，波速降幅为 8.5％~19.3％；岩芯达到最终稳定状态需时长为 30~54h，相比初始波速，降幅为 1.9％~15.2％。

表 2　　　　　　　　　　　　　　　　　岩芯波速衰减成果

岩芯编号	抬升期			稳定期		衰减期		最终稳定期		
	初始波速/(m/s)	时长/h	上升幅度/％	波速/(m/s)	时长/h	时长/h	降低幅度/％	波速/(m/s)	最终稳定时间/h	最终稳定波速降幅/％
1	1970	11	5.6	2080	16	23	19.3	1670	50	15.2
2	1580	8	7.0	1690	16	6	9.5	1520	30	4.4
3	1300	10	6.2	1380	21	16	8.7	1260	47	3.1
4	2140	13	2.3	2210	8	10	10.4	1980	54	7.5
5	2160	9	3.2	2230	19	19	10.2	2020	47	6.5
6	1460	12	6.2	1550	17	20	10.3	1380	49	5.5
7	1580	7	5.1	1660	27	17	12.0	1470	51	7.0
8	1230	8	4.9	1290	14	22	8.5	1180	44	4.1
9	1450	12	4.8	1520	10	22	17.8	1250	44	13.8
10	1590	12	7.6	1710	15	6	9.9	1560	33	1.9
11	2050	8	3.4	2120	8	24	9.4	1920	40	6.3
平均值	1680	10	5.1	1770	16	17	11.5	1560	44	6.9

3.4　地震纵波波速

在 GT 水库左坝肩下游位置黄土层选取部分测段进行地震折射波法测试，地震折射波时距曲线见图 6。

测试范围内地层为两层波速结构，第一层地震波速为 360~390m/s，层底埋深为

12.3～13.3m，对应黄土层；第二层波速约为1850m/s，对应下伏基岩。

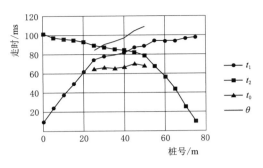

图6 地震折射波时距曲线

4 结论

黄土层电阻率多为30～200Ω·m，地震波速为360～390m/s；次生黄土层电阻率为5～30Ω·m。

强风化泥岩声波速度范围值、平均值分别为1510～1940m/s、1730m/s，属完整性差岩体；微新泥岩声波速度范围值、平均值分别为1510～2430m/s、1850m/s，波速主要分布在1700～2100m/s，属较完整岩体。

强风化粉砂质泥岩声波速度范围值、平均值分别为1510～1980m/s、1710m/s，属完整性差岩体；微新粉砂质泥岩声波速度范围值、平均值分别为1510～2700m/s、1970m/s，波速主要分布在1700～2300m/s，属较完整岩体。

基岩地震波速约为1850m/s。

岩芯从钻孔取出后，波速变化分别经历四个阶段，上升期经历时长为7～13h，稳定期时长为8～27h，衰减期时长为6～24h，岩芯达到最终稳定状态需时长为30～54h，相比初始波速，降幅为1.9%～15.2%。

参考文献

[1] 李金铭. 地电场与电法勘探 [M]. 北京：地质出版社，2005.

[2] 中国水利电力物探科技信息网. 工程物探手册 [M]. 北京：中国水利水电出版社，2011.

[3] 何灿高，王杰. 综合物探法在水利工程岩溶探测中的应用分析 [J]. 水科学与工程技术，2020（5）：61-64.

浅谈南水北调工程对国家水网建设的作用

高媛媛　陈文艳　王仲鹏　李　佳　袁浩瀚

（水利部南水北调规划设计管理局，北京　100038）

摘　要： 南水北调工程通过规划兴建东、中、西三条线路，将长江、黄河、淮河和海河四大江河相互连接，形成"四横三纵"的工程总体布局。本研究总结了南水北调主体工程在国家水网主骨架和大动脉中的作用，梳理了其配套工程建设在区域水网构建中发挥的作用，分析了南水北调工程在助力国家水网建设中存在的主要问题，从充分借鉴和吸收南水北调工程在规划论证和建设运行阶段的经验，要加快推进南水北调东、中线后续工程及西线工程建设，提升已建工程精细化管理水平和智慧化水平等方面提出了推进国家水网建设的建议和思考。

关键词： 南水北调；国家水网；四横三纵

我国水资源时空分布不均，人均水资源占有量远低于世界平均水平，汛期降水量占全年的 60%～80%，南北方差异明显。尤其是随着全球气候变化影响加剧，突发性、反常性、极端性、不可预见性的暴雨、洪涝、干旱灾害频繁出现，如 2021 年郑州"7·20"特大暴雨、2021—2022 年冬春季节珠江三角洲发生的严重干旱。当前以及未来很长一个时期，我国水资源短缺问题仍将十分突出。进入新发展阶段、贯彻新发展理念、构建新发展格局，需要水资源的有力支撑。《中华人民共和国国民经济和社会发展第十四个五年规划和 2035 年远景目标纲要》明确指出要加强水利基础设施建设，建设国家水网工程。

国家水网是以自然河湖为基础、引调排水工程为通道、调蓄工程为结点、智慧调控为手段，集水资源优化配置、流域防洪减灾、水生态系统保护等功能于一体的综合体系。我国大江大河中，长江是最大的河流，且水资源量丰富，地理位置优越。黄淮海流域人口密度高，经济社会相对发达，但水资源相对短缺。南水北调工程通过规划兴建东、中、西三条线路，将长江、黄河、淮河和海河四大江河相互连接，形成"四横三纵"的工程总体布局。目前东线一期工程建成 1467km 的调水线路，中线建设了 1432km 的输水主干渠，总体上构成国家水网的主骨架和大动脉；同时通过配套工程中调蓄工程等建设在受水区逐步完善了水资源配置体系，促进了受水区水网体系加速形成，总体上形成了覆盖长江、黄河、淮河和海河四大流域相关区域的水网网络。这一网络在南水北调工程受水区经济社会发展和生态环境改善中发挥了显著作用，南水北调工程日益成为优化水资源配置、保障群

项目介绍：国家重点研发计划"西线工程调水生态补偿机制及生物入侵风险分析"课题（2022YFC3202404）。

作者简介：高媛媛（1985—　），女，高级工程师，副处长，主要从事南水北调工程规划设计与管理相关工作。E-mail: gaoyy@mwr.gov.cn。

众饮水安全、复苏河湖生态环境、畅通南北经济循环的生命线。

1 南水北调工程与国家水网

1.1 主体工程构成了国家水网主骨架和大动脉

我国大江大河中，长江是最大的河流。在水资源量方面，其水资源丰富且较稳定，多年平均径流量约 9600 亿 m^3，特枯年也达 7600 亿 m^3。长江的入海水量约占天然径流量的 94%。在地理位置方面，长江自西向东流经大半个中国，上游靠近西北干旱地区，中下游靠近最缺水的黄淮海平原，从长江流域调出部分水量，缓解北方地区缺水是可能的、可行的。这是南水北调工程选择以长江为水源地的基本前提。而黄淮海流域的水资源总量为 2023 亿 m^3，仅占全国的 7.2%，是我国水资源承载能力与经济社会发展最不适应的地区，尤其是海河流域是我国缺水最严重的地区，且随着经济社会发展，黄淮海流域不得不长期依靠过量开采地下水来满足用水需求，造成区域地下水水位持续下降，超采严重，部分含水层被疏干或枯竭，引发了地面沉降、地裂缝、水质恶化、海（咸）水入侵等一系列生态与环境地质问题。通过将长江与黄淮海平原建立水网连接，解决黄淮海平原水资源短缺问题，是南水北调规划兴建的重要目的。

根据 2002 年国务院批复的《南水北调工程总体规划》，南水北调工程包括东、中、西三线，分别从长江上、中、下游调水，以适应西北、华北各地的发展需要。由于中国大陆地势形成三个阶梯，东、中、西三线分别呈现不同的地势特点。西线工程在地势最高的青藏高原上，地形上有利于向西北和华北输水，因长江上游水量有限，只能为黄河上中游的西北地区和华北部分地区补水。中线工程从第三阶梯西侧通过，从长江中游丹江口水库引水，自流供水给黄淮海平原地区。东线工程位于第三阶梯东部，从长江下游调水，因地势低需抽水北送至黄淮海流域。本着"三先三后"、适度从紧、需要与可能相结合的原则，南水北调工程规划最终调水规模 448 亿 m^3，其中东线 148 亿 m^3，中线 130 亿 m^3，西线 170 亿 m^3。根据经济社会发展状况和水资源形势分期实施，先期实施南水北调东、中线一期工程，规划调水规模 183 亿 m^3，其中东线一期 88 亿 m^3，中线一期工程 95 亿 m^3。

南水北调工程东、中、西三条调水线路与长江、黄河、淮河和海河四大江河相连系，东、中线一期工程初步实现了"四横三纵、南北调配、东西互济"的水资源配置格局，支撑了京津冀协同发展、雄安新区建设、黄河流域生态保护和高质量发展等国家重大战略实施，复苏了河湖生态环境，也助力了京杭大运河全线通水。这样的总体布局，有利于实现我国水资源南北调配、东西互济的合理配置格局，对于协调北方地区东部、中部和西部可持续发展对水资源的需求，具有重大的战略意义，也形成了国家水网的主骨架和大动脉。

1.2 配套工程为区域联网奠定了重要工程基础

南水北调配套工程的建成通水是实现地下水水源置换和地下水超采治理目标的关键和前提。依托南水北调国家水网主骨架和大动脉，沿线受水区不断完善配套工程，水网体系加速构建。南水北调配套工程主要包括输水工程、调蓄工程、水厂工程、配水管网、水质保护补充工程等。受水区相关省（直辖市）加大资金投入，规划的南水北调东、中线一期配套工程基本建成。据统计，受水区相关省（直辖市）建成 568 项输水工程、调蓄工程、水厂工程及配水管网等配套工程，新增输水工程 5214km、调蓄库容 19 亿 m^3、水厂供水能力 3606 万 m^3/d、配套管网长度 1.66 万 km。

南水北调主体工程及配套工程和受水区水网、湖库等调蓄工程，原有输配水工程等水资源配置工程互相连接，互为补充，强化了当地地表水、地下水、外调水等多种水源的联合调配，助力形成城乡一体、互连互通的省市县水网体系。

北京市建成了一条沿着北五环、东五环、南五环及西四环的输水环路，建设了向城市东部和西部输水的支线工程，以及密云水库调蓄工程，构建了"地表水、地下水、外调水"三水联调，"一条环路，放射供水"的水安全保障格局。天津市以一横、一纵主干供水工程连接 5 个水库和各个供水分区，即通过中线一期工程、引滦输水工程，实现于桥、尔王庄、北大港、王庆坨、北塘 5 座水库互连互通、互为补充、统筹运用。河北省境内中线总干渠与邢清干渠、石津干渠、保沧干渠和廊涿干渠等配套工程相连，在全省形成了一个梳子状的水网。河南省境内中线总干渠与南水北调配套工程形成了南北一纵线、东西多横线的供水水网，形状像一个鱼骨架。河南省正在积极打造"八横六纵，四域贯通"的河南现代水网。东线一期工程在江苏境内形成一个新老工程交织、调水线路交错的复杂水网。东线一期山东干线工程及配套工程体系，构建起山东省 T 字形骨干水网格局，实现了长江水、黄河水、当地水的联合调度优化配置。

1.3 南水北调工程作用发挥情况

通过南水北调主体和配套工程建设，在华北平原形成了不同规模的区域水网。通过这些水网，南水北调工程调水在受水区水资源配置中发挥了越来越重要的作用，南水北调工程调水已从补充水源成为沿线多个大中型城市城区供水主力水源；同时通过配套工程的不断延伸，南水北调工程调水受益人口往城郊及农村地区延伸。通过不同规模的区域水网作用的发挥，南水北调在缓解水资源短缺、改善水生态环境、治理水环境污染等方面发挥了重要作用。

在缓解水资源短缺方面，据统计，南水北调东、中线一期工程全面通水 8 年多以来，供水规模屡创新高，实现了年调水量从 20 多亿 m^3 持续攀升至近 100 亿 m^3 的突破性进展。目前东、中线一期工程已累计调水已超 600 亿 m^3，直接受益人口超过 1.5 亿人；初步构筑了我国"四横三纵、南北调配、东西互济"的水网格局，在受水区形成了外调水、当地水和再生水等统筹、多源互济的供水结构，大大提高了我国北方地区水资源承载能力，拓展了区域发展空间。

在改善水生态环境方面，通水以来，通过配套工程建设和延伸促进城区周边地区地下水水源置换，通过东线一期工程北延应急工程加大调水、中线河湖生态补水等促进了大运河全线通水及沿线地区地下水修复和涵养，改善了沿线受损的生态环境，有力推动了生态文明建设，部分区域地下水水位止跌回升。生态补水方面，南水北调东线沿线受水区湖泊蓄水稳定，生态环境持续向好；中线累计向北方 50 余条河流进行生态补水 90 多亿 m^3，推动了滹沱河、白洋淀等一批河湖生态改善，华北地区浅层地下水水位持续多年下降后实现止跌回升。

在治理水环境污染方面，工程建设坚持"先节水后调水、先治污后通水、先环保后用水"的原则，南水北调东、中线一期工程建设期间，通过集中攻坚、铁腕治污，不断把污染治理、生态保护推向新高度，在东线沿线走出了一条经济快速发展过程中解决治污难题的绿色发展道路，在中线水源区探索出了一条既要金山银山又要绿水青山的协调发展道路。南水北调中线水质保持或优于地表水Ⅱ类标准，东线水质稳定保持地表水Ⅲ类标准。

2 南水北调工程在助力国家水网建设中存在问题分析

（1）规划的南水北调西线工程尚未建设，主骨架和大动脉有待进一步延伸。2002年国务院批复的《南水北调工程总体规划》明确兴建东、中、西三条调水线路，其中南水北调东、中线一期工程分别于2013年和2014年建成通水并发挥效益。而受制于多重因素，西线工程尚停留在前期工作阶段，沟通长江上游与黄河上游的水网体系尚未建成，"四横三纵、南北调配、东西互济"的水资源配置格局有待进一步完善。从主体工程建设角度说，为进一步促进国家水网建设，南水北调工程应进一步补网。

（2）受水区部分区域配套工程建设尚未建成，制约东、中线一期工程引江水消纳。受配套工程建设资金量大、融资困难等多重因素限制，目前南水北调受水区部分区县引江水的配水管网等配套工程尚未建成，导致这些区域消纳引江水的"最后一公里"尚未打通，区域层面水网网络效益和作用应进一步加强。

（3）已建工程效益持续发挥仍面临不少风险和挑战。在工程安全方面，南水北调工程全面建成以来已安全运行8年多，经受住了洪水等的考验，但中线工程连续运行多年以来未开展全面停水检修，工程安全存在风险。在供水安全方面，工程沿线大量交叉建筑物影响工程供水安全，且在工程精细化调水、规范化管理、智慧化建设等方面有进一步提升空间。在水质安全方面，南水北调中线丹江口水库部分入库支流水质仍不稳定，且库区面积大、范围广，存在面源污染等风险；东线工程沿线与河湖平交，水质受影响可能性较大，水质风险防范任重而道远。

3 有关思考

（1）在国家水网建设过程中尤其是主骨架、大动脉工程推进过程中，应充分借鉴和注重吸收南水北调工程在规划论证、治污及生态环境保护、法规制度建设等方面的经验。科学规划引调水工程，坚持节水优先，尊重客观规律，科学审慎论证方案，重视生态环境保护，规划统筹引领，兼顾各有关地区和行业需求；坚持"先节水后调水、先治污后通水、先环保后用水"。

（2）加快推进南水北调东、中线后续工程及西线工程建设。引调水工程是国家水网的主要组成部分和重大支撑，而南水北调东、中、西线工程是国家水网中最核心的骨干工程。严格按照党中央、国务院关于西线工程及东、中线后续工程建设有关要求，加强组织协调，积极做好东线二期工程、中线后续工程和西线工程的前期工作，争取工程早日开工建设，优化和完善我国"四横三纵、南北调配、东西互济"的水网格局，为区域生态文明建设及高质量发展提供强有力的水资源支撑。在后续工程前期工作中，全面贯彻"节水优先""四水四定"原则，强化水资源刚性约束制度，遵循"确有需要、生态安全、可以持续"的重大水利工程论证原则，确保拿出来的规划设计方案经得起历史和实践检验。

（3）提升已建工程精细化管理水平。为更好地促进已建工程效益发挥，南水北调工程管理中应以问题为导向，在行政、经济、法规等多方面采取综合措施，坚持以人民为中心，坚持节水优先，加强供需趋势分析研判，统筹水源区和受水区用水需求，更加精确精准调水，持续开展地下水压采、生态补水等工作，助力提升受水区生态环境质量和稳定性。

（4）提升创新能力和智慧化水平，更好地服务新发展格局。南水北调工程后续管理中应结合 5G、物联网等技术，加强引调水工程管理中的科技创新，在用水计量设施研发、工程智能化运行等方面投入更多人力物力，以科技创新驱动水利高质量发展，以智能化水利建设更好保障供水安全。

参考文献

［1］ 刘宪亮. 南水北调中线工程在华北地下水超采综合治理中的作用及建议［J］. 中国水利，2020（13）：31－32.

［2］ 尹宏伟，高媛媛，李佳. 南水北调受水区地下水压采评估指标体系构建与应用实践［J］. 中国水利，2021（7）：13－16.

［3］ 张金良，景来红，李福生，等. 南水北调西线工程总体布局及一期工程方案研究［J］. 人民黄河，2023（5）：1－5.

［4］ 汪易森，陈斌. 南水北调东线一期工程山东段通水效益分析与认识［J］. 中国水利，2022（9）：4－7.

［5］ 关炜. 南水北调中线一期工程 2019 年度通水效益分析［J］. 水利水电技术（中英文），2021（增刊2）360－365.

［6］ 管世珍，谢广东. 南水北调工程在国家水网构建中的思路与对策［C］//2022 中国水利学术大会论文集. 郑州：黄河水利出版社，2022.